KUWAIT

SEBASTIÃO SALGADO

KUWAIT

A DESERT ON FIRE
EINE WÜSTE IN FLAMMEN
UN DÉSERT EN FEU

SEBASTIÃO SALGADO

Concept and Design · Konzeption und Gestaltung · Concept et réalisation
LÉLIA WANICK SALGADO

TASCHEN

This book is dedicated to the few hundred fearless men from a handful of nations who brought courage and talent and risked lives and limbs to halt one of the worst environmental catastrophes in recent memory. For me, they were the true heroes of the First Gulf War.

Dieses Buch ist den wenigen hundert furchtlosen Männern aus einer Handvoll Nationen gewidmet, die Mut und Können mitbrachten und Leib und Leben riskierten, um einer der schlimmsten Umweltkatastrophen der jüngeren Geschichte Einhalt zu gebieten. Für mich sind sie die wahren Helden des Golfkriegs.

Ce livre est dédié à quelques centaines d'hommes intrépides, venus d'une poignée de pays, qui se sont donnés sans compter à leur tâche. Armés du plus grand courage, ils ont risqué leur vie ou leur corps pour mettre fin à l'une des pires catastrophes environnementales de l'Histoire récente. Pour moi, ce sont les vrais héros de la première guerre du Golfe.

KUWAIT, A DESERT ON FIRE

It felt as if the end were nigh. With the sun obliterated by dark smoke, a Dantean landscape stretched as far as the eye could see. The horizon itself was marked by torches of fire where burning oil leapt from the lifeless desert. And all around, thick pillars of crude oil spewed into the sky before falling back to earth to form treacly black lakes that, without warning, could become gigantic infernos. Finally there was the noise, a deafening roar that only grew louder as I came closer to the source of this cataclysm, the hundreds of oil wells that had been sabotaged and set alight by the Iraqi army near the end of its occupation of Kuwait between early August 1990 and late February 1991.

Yet in the midst of this man-made disaster, oil engineers and technicians from North America and Europe were already hard at work to reverse it, risking life and limb to put out raging well fires and cap runaway gushers. Aiding them were other foreigners, valiant drivers and assorted helpers from East Africa and the Indian subcontinent. The importance of this work could not be overstated: some 300 expatriate experts were expected to halt further contamination of land and air; to permit the early resumption of Kuwait's oil production and rescue its battered economy; and to help stabilize the world oil market. Yet, moving like phantoms through the gloom, covered in oil for hours on end, these men were too close to danger to think of anything but the job at hand. It demanded experience, improvisation, discipline, solidarity and immense toughness of body and mind. Without them, the environmental and human cost of this calamity would have been immeasurably greater.

When Iraq invaded Kuwait, I had begun working on a long-term project which eventually resulted in a book and exhibition called *Workers: An Archaeology of the Industrial Age*. Its objective was to track down industrial and agricultural activities around the world that still depended, literally, on the hand of man (and woman) and that were gradually disappearing in the face of rapid technological change and automation. And it led me to crumbling steel mills; ships being dismantled on distant beaches; women digging irrigation canals, picking tea and rolling cigars; sulfur miners on volcanic slopes and more. But little did I expect to find men wrestling with machinery designed to control nature in Kuwait.

By coincidence, I was in Venezuela photographing that country's vast oil industry when I learned that Kuwait's oil fields were on fire. News of the catastrophe also alarmed Venezuela, which, for security reasons, sealed off its own oil fields to all foreigners and promptly expelled me from the oil-producing region around Maracaibo. By then, the entire world knew that a huge international military coalition, led by the United States, was preparing to drive the Iraqi army out of Kuwait. Its success would mark the beginning of an era of instability across the Middle East that continues to this day.

As soon as the coalition forces entered Kuwait in mid-February 1991, putting an end to Saddam Hussein's expansionist dream in barely two weeks, I realized that the "real" story would now move to Kuwait's oil fields, where over 600 wells were on fire and many others had been badly damaged. I called Kathy Ryan, the photo editor of *The New York Times Magazine*, and proposed that I cover it. She responded with enthusiasm and the planning began.

Oil was both the beginning and the end of the story of the Iraqi invasion. Baghdad insisted that it had an historical claim to the territory of Kuwait, but what most angered Saddam Hussein was his perception that overproduction by Kuwait's oil industry was weakening the global oil price. Further, he believed that in the large Rumaila oil field, which lay on both sides of their common border, Kuwait was using so-called "slant-drilling" to suck away oil belonging to Iraq. By annexing Kuwait then, Iraq could not only significantly swell its own oil reserves but also increase its influence over the oil market. Initially at least, for Saddam Hussein this sufficed as punishment of the ousted Kuwaiti royal family.

But his plans soon changed when it became clear that his army faced certain defeat by the much stronger international coalition and its impending Operation Desert Storm. In January 1991, Iraqi soldiers began setting fire to Kuwaiti wells, a move that would achieve at least one of Saddam Hussein's objectives – that of pushing up world oil prices. The Iraqi dictator also saw that sabotage of the oil fields had a military value. The dark smoke from burning wells could – and did – limit the visibility of coalition military aircraft, providing some protection for Iraqi ground forces. Further, orders were given to dig long trenches and fill them with burning oil to slow the advance of coalition tanks and other heavy weaponry. Yet, by February 28, the Iraqi occupation of Kuwait was over, leaving blazing oil wells as its principal legacy.

Before heading to Kuwait, I decided to wait a few weeks for the companies called on to put out the fires to assemble their teams and start working. This gave me time to photograph the Mattanza, the annual tuna harvest carried out by fishermen in Trapani, Sicily, which I later included in *Workers*. Meanwhile, in Kuwait, at least a dozen companies had been hired to cap the wells, with the bulk of the work eventually done by Canada's Safety Boss team and the Red Adair Company, Boots & Coots International Well Control and Wild Well Control, all from the United States. By early April I had reached the Saudi border with Kuwait and, after waiting impatiently for permission to move on, I rented a 4x4 and simply drove into Kuwait – towards the densest clouds of black smoke.

I was still unprepared for what I would find – teams of around ten men blackened by oil, working methodically in unbelievably difficult circumstances. Such was the noise that they could only communicate by shouting into each other's ears. Yet just the fact of finding them was something of an achievement. At that point, with some 600 wells ablaze, there were probably no more than fifteen teams at work in a vast expanse of oil-covered desert that had no distinguishing landmarks. Even after coming across one team, for instance, I would struggle to find it again the following day. I bought a compass but it was still easy to get lost: sometimes it was a wrecked car or a fallen fence that helped me find my way. I also had to keep an eye on the clock. Since driving in the slippery desert at night was unsafe, I tried to reach a highway before sundown around 6:00 p.m.

Amazingly, some fires had already been extinguished. This was done using high-pressure hoses attached to water tankers. Soon, pipelines that normally carried oil to the coast were adapted to bring seawater to the desert. Occasionally explosives were used, with the resulting powerful blast of air putting out the fire long enough for water to complete the job. But even when fires were put out, there was always the possibility they might erupt again in an explosion of flames, bringing fresh danger to the workers.

Further, once the wells had stopped burning, they were still spewing oil, sometimes 40 feet into the air. And they could not be easily capped because their wellheads had often been damaged, either by the fires or by dynamite used by Iraqi soldiers. This meant that the workers had to repair, or more likely replace, crucial safety valves while standing next to gushing oil. Unavoidably they were covered in oil, head to foot. But there was also the risk that the metal tools they were using on iron wellheads could produce a spark that would relight the fires. In fact, because gas explosions occurred almost daily, the well control teams kept pools of water at the ready to prevent the oil from catching fire.

No less perilous were the toxic fumes, with some workers becoming dizzy and staggering away and others fainting and quickly dragged to safety by their colleagues. Here more than ever I saw the importance of both their professionalism and team spirit: the men looked after each other in the knowledge that, if they were in trouble, they too would be cared for. Fortunately, I suffered no harm, but by the end of each day, my jaws literally ached from the sheer tension of being exposed for hours on end to heat, noise and oil and to the perennial hazard of a major explosion.

The techniques used to seal the wells were varied, but most frequently a so-called "mud," comprising a mixture of water and a clay-like powder, was pumped down the pipe until it blocked the oil flow through sheer weight. Capping wells like these could take as long as a week: it was a bit like trying to put a new faucet on a broken water pipe – without turning off the water. And to offer a gauge of the dimension of this problem, an estimated one billion barrels of oil were lost before the last well was capped in November 1991. The problem of resuming production was left to other teams working many months later.

Going from one burning or gushing well to another, I quickly understood, that I needed special equipment if I were to photograph the workers and their operations from close by. And by good fortune, I was able to supply myself from stocks left behind in the desert by the Iraqi army. It had built numerous trenches and tunnels where I found not only crates of Kalashnikov rifles and ammunition, but also, more useful to me, strong boots and protective clothes for use in case of chemical warfare. Even then, these lasted only three or four days, so I made a point of keeping a good stock in the wreck of an abandoned bus that I temporarily commandeered. Any journalists who appeared were also welcome to outfit themselves.

Before leaving, one colleague left me a cassette to play in my 4x4 as I drove around. But when I put it on, I discovered that the same song, "I Just Called To Say I Love You" by Stevie Wonder, was repeated twelve times – and I would hear it hundreds more times in the weeks that followed. Even now, just a few bars of that song are enough to carry me back to those extraordinary days in April 1991. Every evening I headed back to a hotel in Kuwait City, which was practical because the Ahmadi oil fields, the focus of my work, were just 30 miles to the south-west. The well control teams, on the other hand, lived in camps, where each evening they used a mixture of gasoline and detergent to wash themselves in their own water lake. I myself always carried a plastic "water" container of gasoline and a roll of kitchen paper so I could wipe the oil off my hands before changing film and cleaning my two cameras.

Even away from the oil wells, we had to be wary of land mines and unexploded cluster bombs. But a more serious danger was posed by the oil lakes built to receive spilled oil and the trenches left by the Iraqis because these too occasionally caught fire. Much of the desert and the few roads through the Ahmadi district were also covered in oil, the depth of which could only be guessed. And when the smoke was thick and visibility poor, it was easy to slide or drift off the hard surface. One afternoon, a journalist and a photographer from the *Financial Times*, David Thomas and Alan Harper, died when their compact sedan was engulfed by flames as they drove into a shallow pool of burning oil, apparently disoriented by smoke. Minutes later, a water tanker and a pumper truck were caught by the same flash fire and the three men on board also died. I had taken the same route as these unfortunate victims a short time earlier.

Tragedy also took other forms. Little natural life beyond snakes, scorpions and small hardy insects can live in the Kuwaiti desert, but one day near the Greater Burgan oil field in the Ahmadi district, I came across what had once been a royal menagerie. I found one large bird covered in oil and took it to a well control team to be cleaned in the hope it might survive. A sorrier sight was offered by once-powerful (and expensive) Arab stallions reduced to sad skeletal figures as they struggled to find grass to eat in a wooded area that had previously been their privileged home.

The one consolation for me in this depressing panorama was the unfailing welcome I received from the oil workers whenever I appeared unannounced to record them at work. They waved and smiled and we shook hands and, if the noise permitted, exchanged words and information. Then, at the end of April, it was time to say goodbye. My assignment was finally over and I was ready to start reviewing and selecting photographs for publication. Yet, strange as it may seem, when I climbed into my 4x4 and began heading back to the Saudi border, I felt sorry to be leaving this apocalyptic spectacle.

Some of the photographs from Kuwait were published in *The New York Times Magazine* and were also included in *Workers*, but I still had more work to do on that project. And when it was over, I took on another long-term venture, later published and exhibited as *Migrations*, which explored the extraordinary movement of people, from farms to cities, from country to country, that was transforming the demography of the global population. After that, I briefly slowed down. My wife, Lélia Wanick Salgado, who had always played a central role in my work, managing my travels as well as designing our books and exhibitions, came up with the daring idea that we should reforest a badly-eroded property belonging to my family in Brazil with trees endemic to the Atlantic Forest. The success of this initiative brought us both back in touch with nature. And it was this that inspired my most recent long-term photographic project, *Genesis*, which involved recording those landscapes, seascapes, animals and peoples least touched by the modern world. I like to call it my love letter to the planet.

I mention this in order to explain why I am publishing this book twenty-five years after the drama it portrays. Quite simply, each working trip, each project, was followed by another. And once published or displayed, the resulting photographs were carefully laid to rest in my archives, awaiting the day when I would have time to study them afresh. And this is what happened with the Kuwait photographs. When I looked again at that portfolio, I realized that many of the photographs had never been published. But, more important, I felt the images had a timeless quality: they were taken in 1991, but they could be taken today or tomorrow if a similar disaster occurred. For me personally, though, it was a voyage into the past. I relived the moments I took them and I was as moved by what I saw as I had been a quarter of a century earlier. Never before or since have I witnessed an unnatural disaster on such a scale.

Sebastião Salgado
February 2016

KUWAIT, EINE WÜSTE IN FLAMMEN

Es war, als sei das Ende nah. Dunkler Rauch verdeckte die Sonne, und eine danteske Landschaft breitete sich aus, so weit das Auge reichte. Am Horizont markierten lodernde Fackeln die Stellen, an denen brennendes Öl der leblosen Wüste entsprang. Und ringsum sprudelte Rohöl in dicken Fontänen himmelwärts, um auf die Erde zurückzufallen und zähflüssige schwarze Seen zu bilden, die sich ohne Vorwarnung in ein gigantisches Inferno verwandeln konnten. Schließlich war da noch der Lärm, ein ohrenbetäubendes Brüllen, das lauter wurde, je mehr ich mich dem Ort der Katastrophe näherte, den Hunderten Ölquellen, die von der irakischen Armee gegen Ende ihrer Besetzung Kuwaits zwischen Anfang August 1990 und Ende Februar 1991 sabotiert und in Brand gesetzt worden waren.

Doch inmitten dieser menschengemachten Katastrophe arbeiteten Ingenieure und Techniker aus Nordamerika und Europa bereits hart an deren Bekämpfung, riskierten Leib und Leben, um die gewaltigen Bohrlochbrände zu löschen und unkontrolliert sprudelnde Quellen zu verschließen. Unterstützt wurden sie von Menschen aus anderen Teilen der Welt, mutigen Fahrern und Helfern aus Ostafrika und vom indischen Subkontinent. Die Wichtigkeit dieser Arbeit kann man kaum überschätzen: Etwa 300 ausländische Experten sollten, so die Erwartung, der Verseuchung von Land und Luft ein Ende bereiten, Kuwait eine baldige Wiederaufnahme seiner Ölförderung ermöglichen und seine marode

Wirtschaft retten sowie zur Stabilisierung des globalen Ölmarktes beitragen. Doch diese endlose Stunden mit Öl überzogenen Männer, die sich wie Phantome durch den dunklen Rauch bewegten, waren der Gefahr zu nahe, um an etwas anderes zu denken als an die Arbeit, die unmittelbar vor ihnen lag. Ihr Einsatz erforderte Erfahrung, Improvisation, Disziplin, Teamgeist und eine außergewöhnliche körperliche und psychische Belastbarkeit. Ohne sie hätte dieses Desaster Mensch und Umwelt unermesslich größeren Schaden zugefügt.

Als der Irak Kuwait überfiel, hatte ich gerade mit der Arbeit an einem Langzeitprojekt begonnen, aus dem schließlich ein Buch und eine Ausstellung mit dem Titel *Arbeiter: Zur Archäologie des Industriezeitalters* hervorgingen. Es hatte zum Ziel, rund um die Welt industrielle und landwirtschaftliche Arbeitsabläufe aufzuspüren, die buchstäblich noch von Menschenhand abhingen und wegen des rapiden technischen Wandels und der Automatisierung allmählich verschwanden. Es führte mich zu verfallenden Stahlwerken, zu Schiffen, die an abgelegenen Stränden abgewrackt wurden, zu Frauen, die Bewässerungskanäle gruben, Tee ernteten und Zigarren rollten, zu Schwefelsammlern an Vulkanhängen und anderem mehr. Doch was ich am wenigsten vorzufinden erwartet hatte, waren Männer im Kampf mit maschinellen Anlagen, die dazu dienen sollten, die Natur in Kuwait in den Griff zu bekommen.

Zufällig war ich gerade in Venezuela, um die riesige Ölindustrie dieses Landes zu fotografieren, als ich erfuhr, dass die Ölfelder in Kuwait in Flammen standen. Die Nachricht von der Katastrophe alarmierte auch Venezuela, das daraufhin aus Sicherheitsgründen seine eigenen Ölfelder gegen Ausländer abriegelte und mir sofort den Zugang zu der ölproduzierenden Region um Maracaibo untersagte. Zu diesem Zeitpunkt wusste bereits die ganze Welt, dass eine gewaltige internationale Allianz unter Führung der USA sich bereitmachte, das irakische Militär aus Kuwait zu vertreiben. Das Gelingen dieser Operation war der Beginn einer Ära der Instabilität im Nahen Osten, die bis heute andauert.

Als die Koalitionstruppen dann Mitte Februar 1991 in Kuwait einmarschierten, um Saddam Husseins Expansionsträumen in kaum zwei Wochen ein Ende zu bereiten, begriff ich, dass die „wahre" Geschichte sich nun auf die Ölfelder Kuwaits verlagern würde, wo über 600 Bohrlöcher in Brand standen und viele weitere schwer beschädigt worden waren. Ich rief Kathy Ryan an, die Bildredakteurin des *New York Times Magazine*, und schlug ihr eine Reportage darüber vor. Sie war begeistert, und wir begannen mit der Planung.

Öl stand sowohl am Anfang als auch am Ende der Geschichte der irakischen Invasion. Bagdad behauptete, einen historischen Anspruch auf das kuwaitische Hoheitsgebiet zu haben, doch Saddam Hussein ärgerte vor allem, dass die Überproduktion der dortigen Ölindustrie seiner Meinung nach den globalen Ölpreis drückte. Zudem war er überzeugt, dass Kuwait auf dem großen Rumaila-Ölfeld, das sich beidseits der gemeinsamen Grenze erstreckt, durch sogenannte „Richtbohrungen" Öl absaugte, das eigentlich dem Irak gehörte. Durch die Annexion Kuwaits konnte der Irak somit nicht nur die eigenen Ölreserven erheblich vergrößern, sondern auch seinen Einfluss auf den Ölmarkt stärken. Das genügte Saddam Hussein, zumindest am Anfang, als Bestrafung für die entmachtete kuwaitische Königsfamilie.

Doch seine Pläne änderten sich schnell, als klar wurde, dass seine Armee der viel stärkeren internationalen Koalition unterlegen war, die bereits zur Operation Desert Storm rüstete. Im Januar 1991 begannen irakische Soldaten, kuwaitische Bohrlöcher in Brand zu setzen – ein taktischer Zug, mit dem Saddam Hussein zumindest eines seiner Ziele erreichen sollte, nämlich den globalen Ölpreis in die Höhe zu treiben. Der irakische Diktator erkannte auch den militärischen Wert der Zerstörung von Ölfeldern. Der dunkle Qualm der brennenden Bohrlöcher konnte – was auch geschah – den Militärflugzeugen der Allianz die Sicht erschweren, was den irakischen Bodentruppen einen gewissen Schutz bot. Außerdem wurden lange Gräben ausgehoben und mit brennendem Öl gefüllt, um das Vorrücken der gegnerischen Panzer und anderer schwerer Geschütze zu behindern. Dennoch war die Besetzung Kuwaits durch den Irak am 28. Februar beendet, und zurück blieben vor allem lodernde Ölquellen.

Ich beschloss, mit dem Aufbruch nach Kuwait noch einige Wochen zu warten, bis die zur Bekämpfung der Brände hinzugezogenen Unternehmen ihre Teams zusammengestellt und die Arbeit aufgenommen hatten. Das gab mir Zeit für eine Dokumentation der Mattanza, einer alljährlich von Fischern vor der Küste des sizilianischen Trapani veranstaltete Thunfischjagd, deren Fotos ich später im Buch *Arbeiter* veröffentlichte. In Kuwait hatte man zwischenzeitlich etwa ein Dutzend Unternehmen mit dem Verschließen der Bohrlöcher beauftragt, wobei das Team von Safety Boss aus Kanada sowie die Red Adair Company, Boots & Coots International Well Control und Wild Well Control aus den Vereinigten Staaten die Hauptarbeit leisteten. Anfang April gelangte ich an die saudische Grenze zu Kuwait, wo ich – nach ungeduldigem Warten auf die Erlaubnis zur Weiterreise – einen Geländewagen mietete und einfach nach Kuwait hineinfuhr, in Richtung der dichtesten schwarzen Rauchwolken.

Auf das, was ich vorfinden würde, war ich trotzdem nicht gefasst: Teams von etwa zehn Männern, bedeckt mit schwarzem Öl, arbeiteten methodisch und unter außerordentlich schwierigen Bedingungen. Der Lärm war so groß, dass sie einander ins Ohr brüllen mussten, um sich zu verständigen. Sie überhaupt zu finden, war bereits eine Leistung. Zu diesem Zeitpunkt brannten etwa 600 Bohrlöcher, und die vermutlich nicht mehr als 15 Teams hatten sich in den Weiten einer ölbedeckten Wüste, die keinerlei Orientierungspunkte bot, an die Arbeit gemacht. Selbst wenn ich auf ein solches Team gestoßen war, hatte ich Mühe, es am nächsten Tag wiederzufinden. Ich kaufte mir einen Kompass, doch selbst damit verirrte man sich leicht. Manchmal war es ein Autowrack oder ein umgestürzter Zaun, die mir halfen, den Weg zu finden. Auch die Uhrzeit musste ich im Blick behalten. Da die ölglatte Wüste nachts nicht sicher zu befahren war, versuchte ich, vor Sonnenuntergang gegen 18 Uhr eine Straße zu erreichen.

Einige Brände waren erstaunlicherweise bereits gelöscht, wozu man an Tanklöschwagen angeschlossene Hochdruckschläuche verwendet hatte. Bald wurden Pipelines, die normalerweise Öl an die Küste beförderten, dazu umfunktioniert, Meerwasser in die Wüste zu leiten. Gelegentlich kam Sprengstoff zum Einsatz, dessen gewaltige Detonationswellen dem Feuer lange genug Sauerstoff entzogen, damit Wasser den Rest erledigen konnte. Doch selbst wenn ein Brand gelöscht war, bestand stets die Möglichkeit, dass er explosionsartig wieder aufflammen und die Arbeiter erneut in Gefahr bringen würde.

Hinzu kam, dass die Bohrlöcher, auch wenn sie nicht mehr brannten, weiterhin Öl ausspien, teilweise zehn bis zwölf Meter hoch. Und sie ließen sich nicht einfach verschließen, da die Bohrlochköpfe häufig beschädigt waren, sei es durch das Feuer oder den Dynamiteinsatz irakischer Soldaten. Dies bedeutete, dass die Arbeiter die notwendigen Sicherheitsventile reparieren oder austauschen mussten, während direkt neben ihnen Öl sprudelte. Stets waren sie von Kopf bis Fuß mit Öl überzogen. Darüber hinaus bestand die Gefahr, dass sie bei der Arbeit an den eisernen Bohrlochköpfen mit ihren Metallwerkzeugen Funken produzierten, die das Feuer erneut entzünden konnten. Da es beinahe täglich zu Gasexplosionen kam, hielten die Bohrlochkontrollteams stets Wasser in Reichweite vorrätig, um ein Wiederentflammen des Öls zu verhindern.

Nicht weniger gefährlich waren die giftigen Dämpfe, die manche Arbeiter benommen machten, während andere, die das Bewusstsein verloren hatten, von ihren Kollegen schnell in Sicherheit gebracht wurden. Hier zeigte sich besonders deutlich, wie wichtig Professionalität und Teamgeist waren: Die Männer passten aufeinander auf, denn sie wussten, dass man sich auch um sie kümmern würde, wenn sie in Not gerieten. Mir ist glücklicherweise nichts passiert, doch am Ende eines jeden Tages, nach endlosen Stunden inmitten von Hitze, Lärm und Öl, in ständiger Gefahr einer größeren Explosion, tat mir aus reiner Anspannung der Kiefer weh.

Die Techniken zum Versiegeln der Bohrlöcher variierten, doch meistens wurde sogenannter „Schlamm“, bestehend aus Wasser und einem tonartigen Pulver, so lange in die Leitung gepumpt, bis er den Ölfluss durch sein bloßes Gewicht zum Stillstand brachte. Bohrlöcher so zu verschließen, konnte bis zu einer Woche dauern. Es war ein wenig, als versuchte man, einen neuen Wasserhahn auf eine leckende Leitung zu setzen, ohne das Wasser vorher abzusperren. Und um einen Eindruck von der Dimension dieses Problems zu vermitteln: Ehe im November 1991 das letzte Bohrloch verschlossen wurde, gingen schätzungsweise eine Milliarde Barrel Rohöl verloren. Das Problem der Wiederinbetriebnahme blieb anderen Teams überlassen, deren Arbeit viele Monate später begann.

Auf meinem Weg von einem brennenden oder sprudelnden Bohrloch zum nächsten wurde mir schnell klar, dass ich eine Spezialausrüstung benötigen würde, wenn ich die Arbeiter und ihre Anstrengungen aus der Nähe fotografieren wollte. Glücklicherweise konnte ich mich aus Beständen versorgen, die von den irakischen Truppen in der Wüste zurückgelassen worden waren. Sie hatten zahlreiche Gräben und Tunnel angelegt, in denen ich nicht nur kistenweise Kalaschnikows und Munition fand, sondern auch – mir nützlicher – feste Stiefel und Schutzanzüge gegen chemische Waffen. Allerdings hielten selbst diese nur drei oder vier Tage, also machte ich es mir zum Prinzip, einen umfangreichen Vorrat zu horten, für den ich ein verlassenes Buswrack requirierte. Auch jeder Journalist, der eintraf, durfte sich gern daraus bedienen.

Ein Kollege überließ mir zum Abschied eine Musikkassette für meine Autofahrten durch die Wüste. Als ich sie einlegte, stellte ich allerdings fest, dass sie zwölf Mal hintereinander ein und dasselbe Lied spielte – „I Just Called To Say I Love You" von Stevie Wonder –, und ich sollte diesen Song in den folgenden Wochen noch viele hundert Male hören. Selbst jetzt genügen wenige Takte, um mich in diese außergewöhnlichen Tage im April 1991 zurückzuversetzen. Jeden Abend machte ich mich auf den Weg zurück zu einem Hotel in Kuwait City, was zweckmäßig war, da die Ahmadi-Ölfelder, auf die sich meine Arbeit konzentrierte, knapp 50 Kilometer südwestlich davon lagen. Die Bohrlochkontrollteams hingegen lebten in Lagern und wuschen sich allabendlich mit einem Gemisch aus Benzin und Reinigungsmittel in ihrem eigenen Wasserreservoir. Ich selbst hatte immer einen mit Benzin gefüllten Wasserkanister und eine Küchenrolle dabei, damit ich mir vor dem Filmwechsel und dem Reinigen meiner beiden Kameras das Öl von den Händen wischen konnte.

Auch abseits der Ölquellen mussten wir uns vor Landminen und den Blindgängern von Streubomben in Acht nehmen. Eine noch ernstere Gefahr stellten allerdings die von den Irakis hinterlassenen Gräben und die Ölseen dar, die angelegt worden waren, um leckendes Öl aufzufangen, denn auch sie fingen gelegentlich Feuer. Darüber hinaus waren große Teile der Wüste und die wenigen Straßen, die durch den Distrikt Ahmadi führten, mit Öl bedeckt – wie dick, konnte man nur vermuten. Und wenn der Rauch dicht und die Sicht schlecht war, geriet man auf öligem Asphalt leicht ins Rutschen oder Schlingern. Eines Nachmittags starben ein Journalist und ein Fotograf der *Financial Times*, David Thomas und Alan Harper, als sie mit ihrer kompakten Limousine in eine brennende Öllache gerieten und von den Flammen umschlossen wurden; allem Anschein nach hatten sie im Rauch die Orientierung verloren. Minuten später umzingelten dieselben Stichflammen einen Wassertankwagen und einen Löschlaster mit drei Mann Besatzung, und auch sie starben. Ich war kurz zuvor auf derselben Strecke wie diese tragischen Opfer gefahren.

Das Drama zeigte sich auch in anderer Gestalt. In der Wüste Kuwaits können außer Schlangen, Skorpionen und zähen kleinen Insekten nur wenige Lebewesen existieren, doch eines Tages stieß ich in der Nähe des Greater-Burgan-Ölfelds im Distrikt Ahmadi auf die Überreste einer königlichen Menagerie. Ich fand einen großen, verölten Vogel und brachte ihn einem Bohrlochkontrollteam zum Säubern, in der Hoffnung, dass er durchkommen würde. Einen noch erbärmlicheren Anblick boten die einst kraftstrotzenden (und kostbaren) Araberhengste, die in einem Waldstück, das ihre privilegierte Heimat gewesen war, über der beschwerlichen Suche nach Futtergras zu traurigen Skeletten abgemagert waren.

Das einzig Tröstliche in dieser deprimierenden Umgebung war der stets herzliche Empfang, der mich bei den Ölarbeitern erwartete, wann immer ich unangemeldet erschien, um ihren Einsatz zu dokumentieren. Sie winkten und lachten, und wir schüttelten uns die Hand und tauschten, sofern es der Lärm zuließ, freundliche Worte und Neuigkeiten aus. Dann, Ende April, hieß es

Abschied nehmen. Mein Auftrag war nun abgeschlossen, und ich konnte mit der Sichtung und Auswahl der Fotografien für die Veröffentlichung beginnen. Doch so seltsam es auch erscheinen mag, als ich in meinen Geländewagen kletterte und mich auf den Rückweg zur saudischen Grenze machte, tat es mir leid, dieses apokalyptische Schauspiel zu verlassen.

Einige der Fotografien aus Kuwait erschienen im *New York Times Magazine* und wurden auch im Buch *Arbeiter* abgedruckt, doch für mich gab es rund um dieses Projekt noch mehr zu tun. Und als es abgeschlossen war, begann ich eine andere Langzeitreportage, die später unter dem Titel *Migranten* publiziert und ausgestellt wurde. Sie dokumentierte jene außerordentliche Migrationsbewegung vom Dorf in die Stadt, von Land zu Land, die die Demografie der Weltbevölkerung grundlegend verändern sollte. Danach trat ich für einige Zeit kürzer. Meine Frau, Lélia Wanick Salgado, die in meiner Arbeit schon immer eine zentrale Rolle spielte, meine Reisen organisiert und auch unsere Bücher und Ausstellungen gestaltet, hatte die kühne Idee, ein schwer erodiertes Stück Land, das meiner Familie in Brasilien gehörte, mit heimischen Baumarten des Atlantischen Regenwaldes wieder aufzuforsten. Der Erfolg dieser Initiative brachte uns beide wieder in Kontakt zur Natur. Und genau so entstand die Inspiration zu *Genesis*, meinem jüngsten Langzeitfotoprojekt, das unter anderem zum Ziel hatte, jene Landschaften, Meeresregionen, Tiere und Menschen zu dokumentieren, die von der modernen Welt am wenigsten berührt sind. Ich bezeichne es gern als meinen Liebesbrief an den Planeten.

Ich erwähne das, um zu erklären, warum ich dieses Buch jetzt, 25 Jahre nach dem Drama, das darin dokumentiert ist, veröffentliche. Bisher folgte ganz einfach eine Arbeitsreise, eine Reportage auf die nächste. Und waren die dabei entstandenen Fotografien erst einmal gedruckt oder ausgestellt, wurden sie sorgfältig in meinem Archiv abgelegt und warteten auf den Tag, an dem ich Zeit haben würde, sie von Neuem zu studieren. Und genau das war der Fall bei den Kuwait-Aufnahmen. Als ich mir dieses Portfolio erneut ansah, wurde mir bewusst, dass viele der Fotografien nie veröffentlicht worden waren. Aber wichtiger noch, ich merkte, dass die Bilder etwas Zeitloses hatten. Ich hatte sie 1991 aufgenommen, doch würde sich ein ähnliches Desaster ereignen, könnten sie so auch heute oder morgen entstehen. Für mich persönlich allerdings war es eine Reise in die Vergangenheit. Ich durchlebte noch einmal die Momente, in denen ich diese Bilder geschossen hatte, und war von dem, was ich sah, ebenso bewegt wie bereits ein Vierteljahrhundert zuvor. Eine menschengemachte Katastrophe solchen Ausmaßes habe ich niemals zuvor und seither auch nie wieder gesehen.

Sebastião Salgado
Februar 2016

KOWEÏT, UN DÉSERT EN FEU

On aurait dit que la fin du monde était proche. Dans une épaisse fumée noire transpercée par instants par un rai de soleil, un paysage dantesque s'étalait aussi loin que mon regard pouvait porter. L'horizon était ponctué de torches de feu, là où le pétrole enflammé jaillissait du désert mort. Partout, de véritables colonnes de pétrole brut étaient crachées vers le ciel avant de retomber au sol en mares sirupeuses et noirâtres, qui sans prévenir, pouvaient à tout instant se transformer en enfer. Et il y avait aussi ce bruit, ce grondement assourdissant qui augmentait de plus en plus au fur et à mesure que je me rapprochais de la source de cataclysme, de ces centaines de puits de pétrole sabotés et incendiés par l'armée irakienne vers la fin de l'occupation du Koweït, du début d'août 1990 à la fin du mois de février 1991.

Au cœur de ce désastre d'origine trop humaine, des ingénieurs et des techniciens du pétrole venus d'Amérique du Nord et d'Europe étaient déjà à l'œuvre pour tenter d'inverser le cours de la catastrophe. Ils risquaient chaque jour leur vie ou leur santé pour éteindre les puits en flammes et colmater les fuites de pétrole surgissant du sol. Ils étaient aidés par d'autres étrangers, d'intrépides conducteurs d'engins et ouvriers venus d'Afrique de l'Est et du sous-continent indien. L'importance de leur travail ne saurait être sous-estimée : on attendait de ces quelque 300 experts étrangers de mettre fin à toutes les sources de contamination de la terre et de l'air, de permettre la reprise rapide de la production pétrolière koweïtienne, de sauver son économie compromise et d'aider ainsi à stabiliser le marché mondial du pétrole. Tels des fantômes hantant l'obscurité ambiante, vivant couverts de pétrole pendant des heures et des heures, ces hommes étaient trop proches du danger pour penser à autre chose qu'à leur tâche. Et celle-ci exigeait de l'expérience, le sens de l'improvisation, de la discipline, de la solidarité et une immense confiance en soi, aussi bien mentale que physique. Sans eux, le coût environnemental et humain de cette calamité aurait été incommensurablement plus élevé.

Au moment de l'envahissement du Koweït par l'Irak, je venais d'entamer les premières recherches pour un de mes projets de longue haleine, qui allait se traduire par un livre et une exposition, intitulés *La Main de l'homme: une archéologie de l'ère industrielle*. Mon objectif était de retrouver partout dans le monde des activités industrielles ou agricoles qui dépendaient encore, très concrètement, de la main de l'homme (et de la femme) et disparaissaient peu à peu dans leur face-à-face avec les changements rapides apportés par les technologies et l'automation. Cette entreprise me fit photographier, parmi des dizaines d'exemples, des aciéries en ruines, des bateaux que l'on démantelait sur des plages perdues, des femmes creusant des canaux d'irrigation, cueillant le thé ou roulant des cigares, des mineurs de soufre sur les pentes de volcans. Mais je ne m'attendais certainement pas à découvrir ces hommes qui se battaient avec tout un attirail pour tenter de reprendre le contrôle de la nature au Koweït.

Par pure coïncidence, je me trouvais alors au Venezuela pour photographier l'importante industrie pétrolière de ce pays lorsque j'appris que les champs pétrolifères du Koweït étaient en flammes. Les nouvelles de cette catastrophe alarmaient d'ailleurs le Venezuela au point où, pour des raisons de sécurité, il interdit ses sites d'exploitation aux étrangers et m'expulsa très vite de la région pétrolière de Maracaibo. À cette époque, le monde entier savait qu'une gigantesque coalition militaire internationale, conduite par les États-Unis, se préparait à chasser l'armée irakienne du Koweït. Son succès allait marquer le début d'une ère d'instabilité dans tout le Moyen-Orient, situation qui se poursuit encore aujourd'hui.

Dès l'entrée des forces de la coalition au Koweït à la mi-février 1991 – qui allait mettre fin aux rêves expansionnistes de Saddam Hussein en à peine deux semaines – je compris que la guerre allait se poursuivre sous une autre forme dans les champs de pétrole du Koweït où plus de 600 puits flambaient et beaucoup d'autres étaient gravement endommagés. J'ai alors appelé Kathy Ryan, éditrice photo au *New York Times Magazine* et lui proposai de couvrir le sujet. Elle réagit avec enthousiasme et je lançai le planning.

Le pétrole marque à la fois le début et la fin de l'histoire de l'invasion irakienne. Si Bagdad réaffirmait souvent ses revendications historiques sur le territoire du Koweït, Saddam Hussein était particulièrement furieux de ce que – d'après lui – la surproduction pétrolière koweïtienne fasse baisser le cours mondial du baril. De plus, il pensait que, dans le vaste champ pétrolifère de Rumaila qui s'étend de chaque côté de leur frontière commune, le Koweït utilisait des techniques de forage oblique pour prélever du pétrole appartenant à l'Irak. En annexant le Koweït, l'Irak aurait pu non seulement augmenter significativement ses réserves pétrolières mais accroître son influence sur le marché du pétrole. Initialement du moins, ces raisons suffisaient pour évincer la famille royale koweïtienne.

Ces plans furent néanmoins modifiés quand il apparut clairement que l'armée irakienne allait au-devant d'une défaite certaine face à une coalition internationale beaucoup plus puissante et à l'opération «Desert Storm» sur le point d'être déclenchée. En janvier 1991, les soldats irakiens commencèrent à mettre feu aux puits koweïtiens, acte délibéré qui allait faire aboutir au moins un des objectifs de Saddam Hussein: faire augmenter les prix du pétrole. Le dictateur voyait également dans ces sabotages un intérêt militaire. La fumée noire des puits en feu pouvait – et réussit à – limiter la visibilité de l'aviation de la coalition, fournissant une certaine protection aux forces irakiennes au sol. Par ailleurs, des ordres furent donnés de creuser de longues tranchées et de les remplir de pétrole en feu pour ralentir l'avancée des tanks et des équipements lourds de la coalition. Malgré tout, le 28 février fut la date de la fin de l'occupation du Koweït par l'Irak dont les troupes refluèrent en laissant derrière elles une mer de puits en flamme.

J'avais décidé d'attendre quelques semaines avant de partir pour le Koweït, pour que les entreprises appelées en secours aient le temps de rassembler leurs équipes et de commencer à intervenir. Ce délai me donna le temps d'aller photographier la Mattanza, la fameuse pêche annuelle au thon des pêcheurs à Trapani, en Sicile, que je pus ainsi inclure dans *La Main de l'homme*. Pendant ce temps, au Koweït, une douzaine de sociétés au moins avaient été appelées pour colmater les puits, la plus grande partie du travail étant effectuée par l'entreprise canadienne Safety Boss et les sociétés américaines Red Adair Company, Boots & Coots International Well Control et Wild Well Control. Début avril, je me retrouvai donc à la frontière entre l'Arabie Saoudite et le Koweït et, après avoir attendu avec impatience l'autorisation de poursuivre ma route, je louai un 4x4 et entrai au Koweït, en direction des lourds et noirs nuages de fumée qui s'élevaient dans le lointain.

Je n'étais pas préparé à ce que j'allais découvrir : des équipes d'une dizaine d'hommes noircis des pieds à la tête par la fumée, travaillant avec discipline et méthode dans des conditions incroyablement difficiles. Le niveau de bruit était si élevé que chacun ne pouvait communiquer qu'en hurlant aux oreilles de son interlocuteur. Les trouver était en soi un exploit. Pour quelque 600 puits en flammes, il n'y avait probablement pas plus d'une quinzaine d'équipes au travail dans l'immensité d'un désert noyé de pétrole dans laquelle rien ne se détachait. Par exemple, même après être tombé sur une équipe, je pouvais éprouver toutes les difficultés à la retrouver le lendemain. Même si j'avais une boussole, il était très facile de se perdre. Parfois, une épave de voiture ou une clôture abattue m'aidait à retrouver mon chemin. Je devais aussi faire attention à l'heure. Conduire la nuit dans ce désert glissant était dangereux et je devais m'efforcer d'atteindre une vraie route en dur avant que le soleil ne se couche vers six heures du soir.

Étonnamment, quelques feux avaient déjà été éteints, grâce à des tuyaux d'eau à très haute pression livrés par des camions-citernes. Rapidement, les pipelines qui transportaient normalement l'huile vers la côte furent adaptés au transport de l'eau de mer vers le désert. À l'occasion, des explosifs dont la déflagration éteignait le feu suffisamment longtemps pour que l'on puisse approcher du puits avec les tuyaux d'eau étaient utilisés avant de terminer le travail. Mais même une fois les feux éteints, il restait toujours la possibilité qu'ils repartent dans un jaillissement explosif de flammes, mettant à nouveau les équipes en danger.

Par ailleurs, les puits une fois éteints continuaient à cracher leur pétrole, parfois jusqu'à une douzaine de mètres de haut. Ils n'étaient pas faciles à colmater car les têtes de puits avaient souvent été endommagées, que ce soit par l'incendie ou la dynamite des soldats irakiens. Ceci signifiait que les équipes devaient réparer ou plus souvent remplacer les valves de sécurité indispensables et donc s'approcher au plus près de ces projections de pétrole. Les hommes étaient bien entendu couverts d'huile. Ils étaient en même temps confrontés à un autre type de risque tout aussi grave : les outils métalliques qu'ils utilisaient sur les têtes de puits en acier pouvaient produire des étincelles capables de faire repartir le feu. En fait, comme des explosions de gaz se produisaient presque chaque jour, les équipes de contrôle des puits conservaient des réserves d'eau à proximité pour être prêtes à empêcher le pétrole de reprendre feu.

Les fumées toxiques n'étaient pas moins dangereuses. Certains ouvriers finissaient par éprouver des étourdissements ou de brusques montées de fatigue. D'autres s'évanouissaient et devaient être rapidement transportés en un lieu plus sûr par leurs camarades. Plus que partout ailleurs, j'ai pu admirer l'importance du professionnalisme et de l'esprit d'équipe de ces hommes qui se surveillaient et se protégeaient mutuellement en sachant que s'ils rencontraient eux aussi des problèmes, leurs équipiers s'occuperaient d'eux. Par chance, je n'ai souffert d'aucun trouble, mais à la fin de chaque journée, mes mâchoires étaient devenues douloureuses tant elles étaient restées serrées pendant de longues heures face à la chaleur, le bruit, le pétrole dans l'atmosphère et le risque permanent d'explosion majeure.

Si les techniques de colmatage des puits étaient diverses, la plus utilisée consistait à insuffler dans le tuyau de la « mud », une sorte de boue composée d'eau et d'une poudre similaire à l'argile jusqu'à ce que ce bouchon bloque par gravité la montée du pétrole. Boucher de tels puits pouvait prendre jusqu'à une semaine. C'était un peu comme essayer de monter un robinet sur une conduite rompue… mais sans couper l'eau. À titre indicatif, on estime à un milliard de barils le pétrole perdu avant le début de ces opérations en novembre 1991. La reprise de la production fut laissée à d'autres équipes qui n'intervinrent que des mois plus tard.

En me déplaçant d'un puits en feu ou en geyser à l'autre, j'avais rapidement compris avoir besoin d'un équipement spécial si je voulais photographier de près ces équipes et leur travail. Par chance, j'ai pu mettre la main sur des stocks de matériel abandonnés par les Irakiens en plein désert. Ils avaient creusé de nombreuses tranchées ou tunnels dans lesquels je découvris non seulement des caisses de Kalachnikovs et de munitions, mais aussi, plus utile pour moi, de solides chaussures et des vêtements de protection prévus pour la guerre chimique. Mais tout ce matériel ne durait guère plus de trois ou quatre jours, et je me suis arrangé pour en mettre de côté tout un stock dans l'épave d'un bus abandonné dont j'avais temporairement pris possession. Tout journaliste rencontré était le bienvenu et pouvait choisir l'équipement nécessaire.

Avant de partir, un confrère me laissa une cassette audio pour animer mon 4 x 4 pendant mes expéditions quotidiennes. En l'écoutant, je découvris qu'elle contenait la même chanson de Stevie Wonder, *I Just Called To Say I Love You*, répétée 12 fois. Je l'ai réécoutée des centaines de fois dans les semaines qui suivirent. Encore aujourd'hui quelques notes de cette chanson suffisent à me replonger dans l'atmosphère de ces extraordinaires journées d'avril 1991. Chaque soir, je retournais dormir dans un hôtel de Koweït City, ce qui était assez pratique puisque les champs pétrolifères d'Ahmadi, l'objet principal de mon travail, ne se trouvaient qu'à une cinquantaine de kilomètres au sud-ouest. Les équipes d'intervention sur les puits, d'un autre côté, vivaient dans des camps et utilisaient chaque soir un mélange d'essence et de détergent pour se laver dans un petit lac. Je portais d'ailleurs toujours avec moi un réservoir d'eau rempli d'essence et un rouleau de papier de cuisine, pour pouvoir me laver les mains avant de changer de film ou de nettoyer mes deux appareils.

Même lorsque nous étions loin des puits, nous devions faire attention aux champs de mines et aux bombes à fragmentation non explosées. Un danger encore plus sérieux était celui des lacs de pétrole creusés pour recevoir le pétrole recraché par les puits et les tranchées irakiennes car tout pouvait prendre feu à tout instant. Une grande partie du désert et des quelques routes traversant cette région d'Ahmadi était également recouverte de pétrole, dont on ne pouvait pas prévoir la profondeur. Lorsque la fumée était particulièrement épaisse et la visibilité faible, il était facile de déraper et de quitter le macadam. Un après-midi, un journaliste et un photographe du *Financial Times*, David Thomas et Alan Harper, apparemment désorientés par la fumée, trouvèrent la mort lorsque leur petite voiture fut avalée par les flammes en franchissant une mare de pétrole en feu. Quelques minutes plus tard, un camion-citerne d'eau et un camion-pompe furent à leur tour pris dans des flammes, qui provoquèrent la mort de leurs trois occupants. J'avais pris la même route peu auparavant.

La tragédie pouvait aussi prendre d'autres formes. La faune naturelle se réduit à peu de chose dans le désert koweïtien en dehors des serpents, des scorpions et des petits insectes, mais un jour, près du champ pétrolifère de Greater Burgan dans le district d'Ahmadi, je tombai sur ce qui avait été il y a peu une ménagerie royale. J'y ai trouvé un grand oiseau recouvert de pétrole que j'ai ramené à la base pour qu'il soit nettoyé et peut-être sauvé. Mais une vision plus dramatique encore m'attendait, celle d'étalons arabes de grand prix réduits à de quasi-squelettes cherchant désespérément un peu d'herbe à paître dans la zone jadis boisée qui avait été leur royaume.

Une consolation dans ce panorama déprimant a été l'accueil de chaque instant reçu de ces travailleurs du pétrole quand j'apparaissais, sans avoir prévenu, sur le lieu de leur travail. Ils me faisaient des signes de bienvenue, ils souriaient, nous nous serrions la main et, si le bruit le permettait, nous échangions quelques mots et informations. Puis, à la fin du mois d'avril, le moment de quitter le Koweït arriva. Ma mission était enfin accomplie et j'étais prêt à commencer à regarder de plus près mes images et à les sélectionner pour leur publication. Aussi étrange que cela puisse paraître, j'éprouvai presque un regret de reprendre la route de la frontière saoudienne et de quitter ce spectacle d'apocalypse.

Certaines des photographies prises au Koweït furent publiées par *The New York Times Magazine* et incluses dans *La Main de l'homme*, mais il me restait encore du travail à effectuer sur ce projet. Lorsqu'il fut terminé, je me suis lancé dans une autre de mes aventures au long cours, publiée et exposée par la suite sous le titre de *Exodes*, qui explorait les incroyables déplacements humains des campagnes vers les villes, d'un pays à un autre, qui transformaient la démographie mondiale. Ensuite, j'ai pour un temps ralenti le rythme de mes voyages. Mon épouse, Lélia Wanick Salgado, qui a toujours joué un rôle central dans mon travail en organisant mes déplacements et assurant la création de nos livres et expositions, me proposa une idée audacieuse. Il s'agissait de lancer la reforestation par la plantation d'arbres endémiques de la forêt atlantique d'une propriété brésilienne victime de l'érosion, qui appartenait à ma famille. Le succès de cette initiative nous remit en contact avec la nature et c'est cet esprit qui a inspiré le plus récent de mes grands projets photographiques, *Genesis*, qui se proposait de documenter les paysages terrestres ou marins, les animaux, les hommes et les femmes encore restés à l'écart du monde moderne. J'aime parler de *Genesis* comme d'une lettre d'amour à notre planète.

Je mentionne ce parcours afin d'expliquer pour quelles raisons je publie ce livre vingt-cinq ans après le drame dont cet ouvrage rend compte. Très simplement, chacun de mes voyages de recherche, chacun de mes projets est suivi d'un autre. Une fois publiées ou exposée, les photographies sont déposées dans mes archives, en attendant le jour où j'aurai le temps de les regarder d'un œil neuf. C'est ce qui s'est produit ici, avec le Koweït. Lorsque j'ai ouvert à nouveau ce portfolio, j'ai compris que beaucoup de ces images n'avaient jamais été publiées. Plus important encore, j'avais le sentiment qu'elles possédaient une qualité intemporelle. Elles ont été prises en 1991, mais pourraient l'être aujourd'hui ou demain si un désastre similaire venait à se produire. Pour moi, elle représente aussi un voyage dans le passé. J'ai revécu les moments durant lesquels j'avais pris ces photos et me suis senti aussi touché par ce que je voyais aujourd'hui que je l'avais été un quart de siècle plus tôt. Jamais auparavant, ni depuis, je n'ai été témoin d'un désastre provoqué par l'homme d'une telle ampleur.

Sebastião Salgado
Février 2016

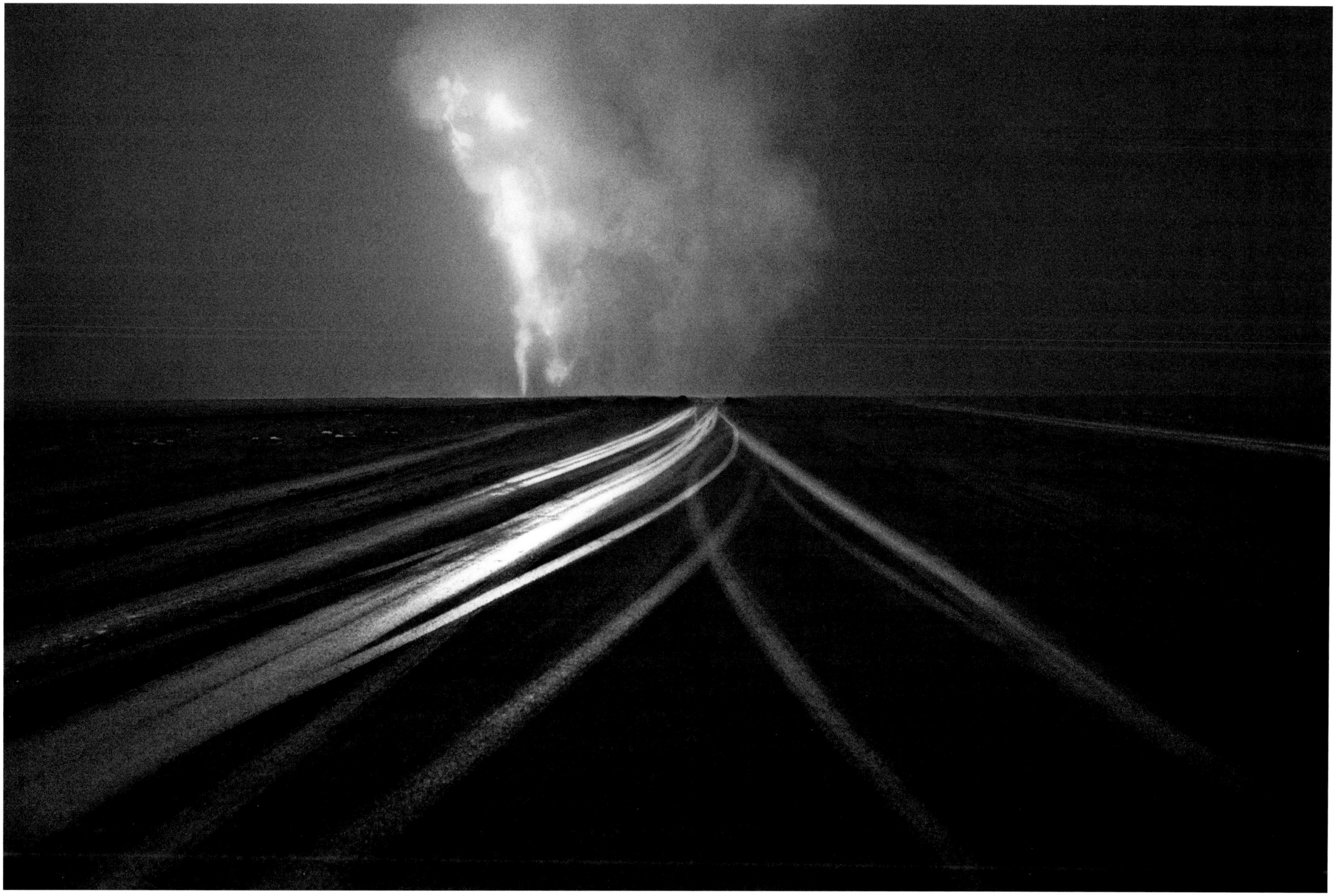

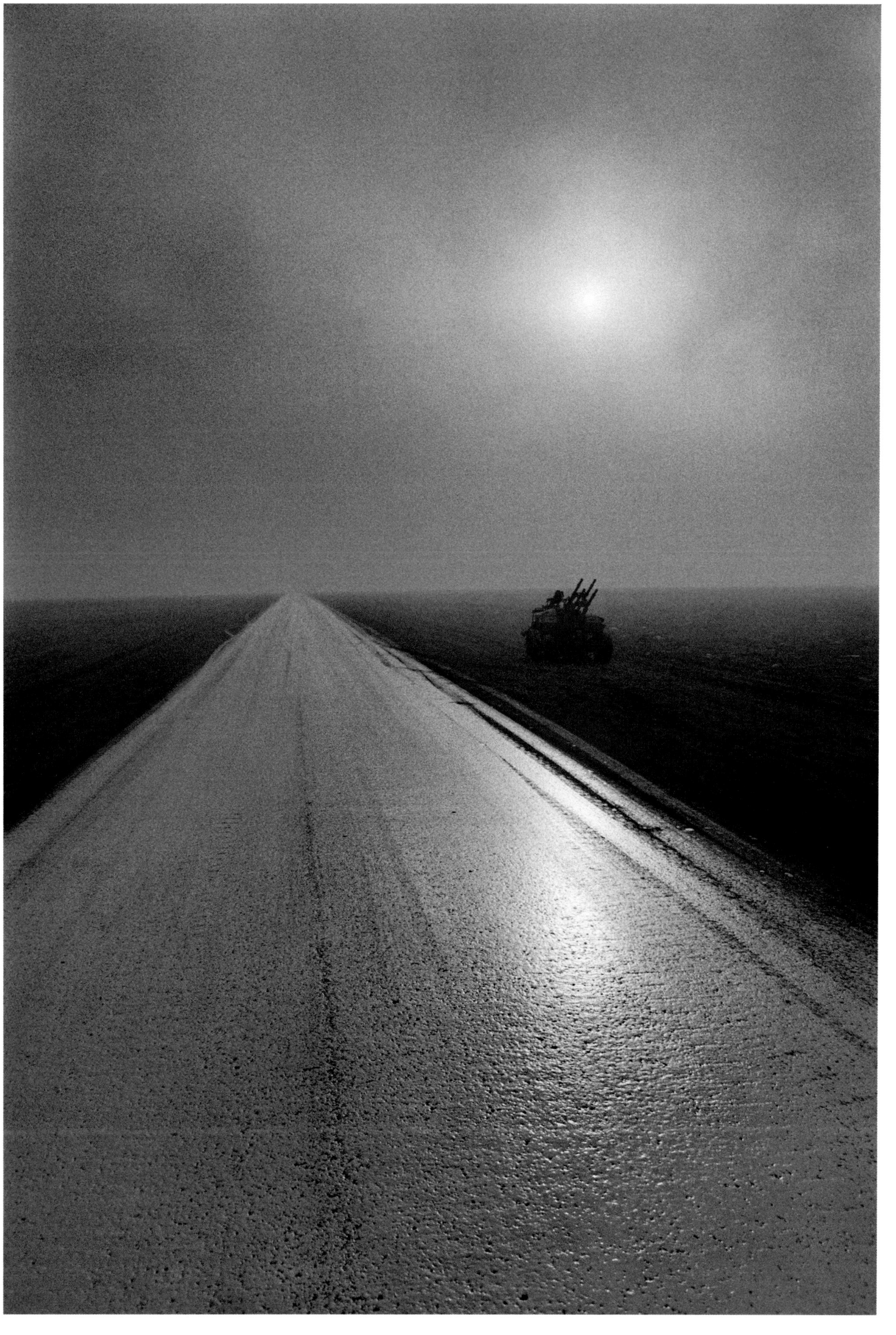

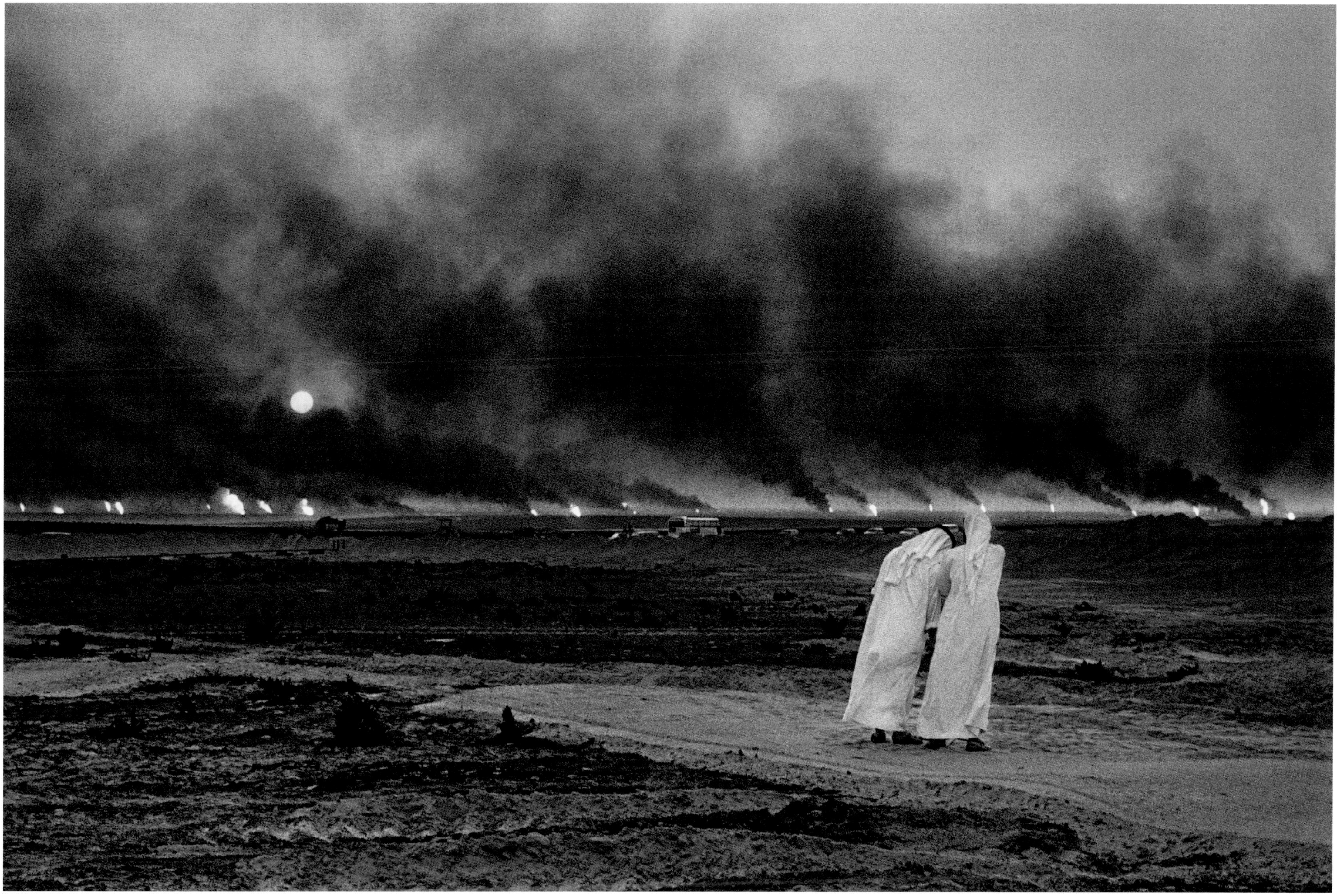

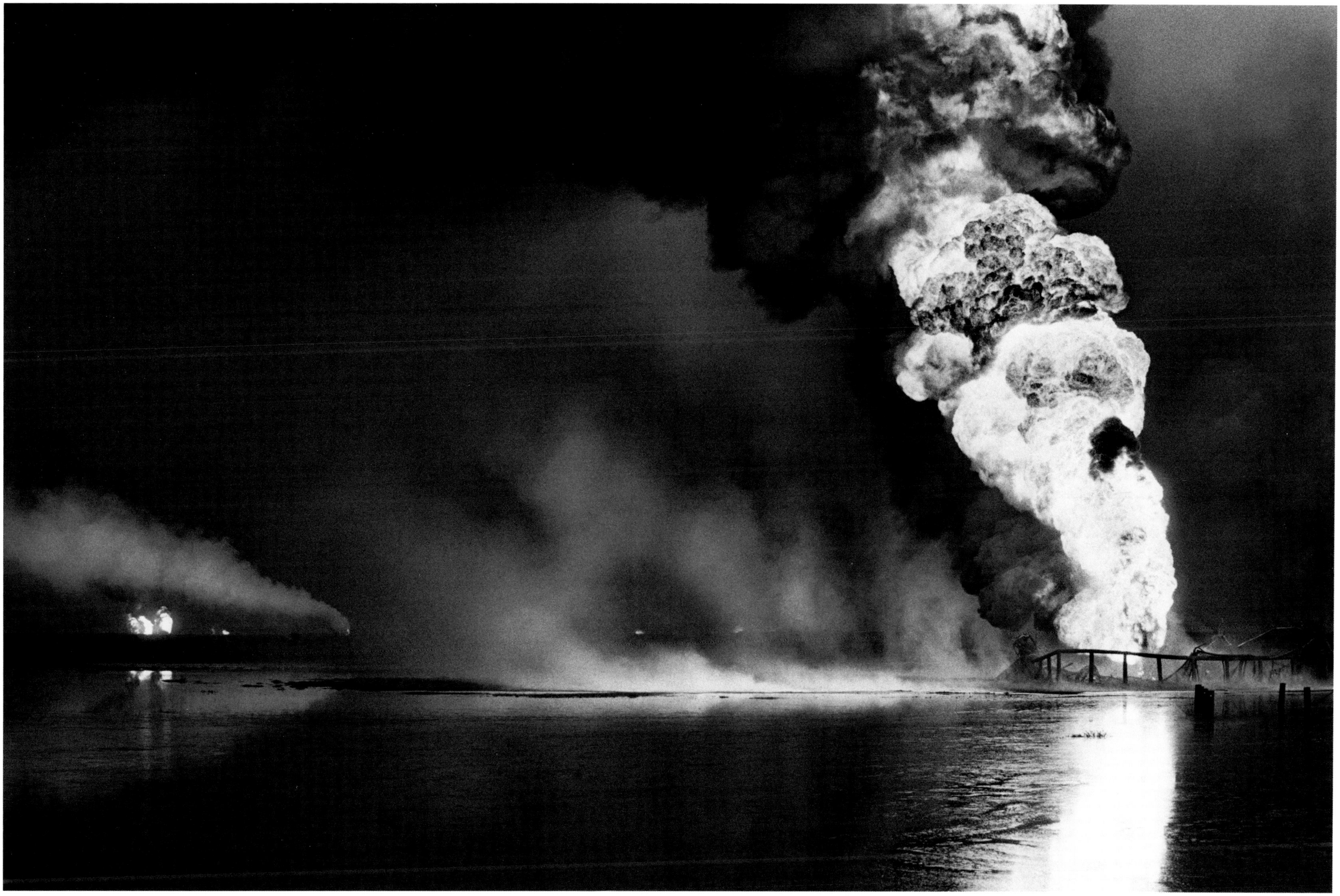

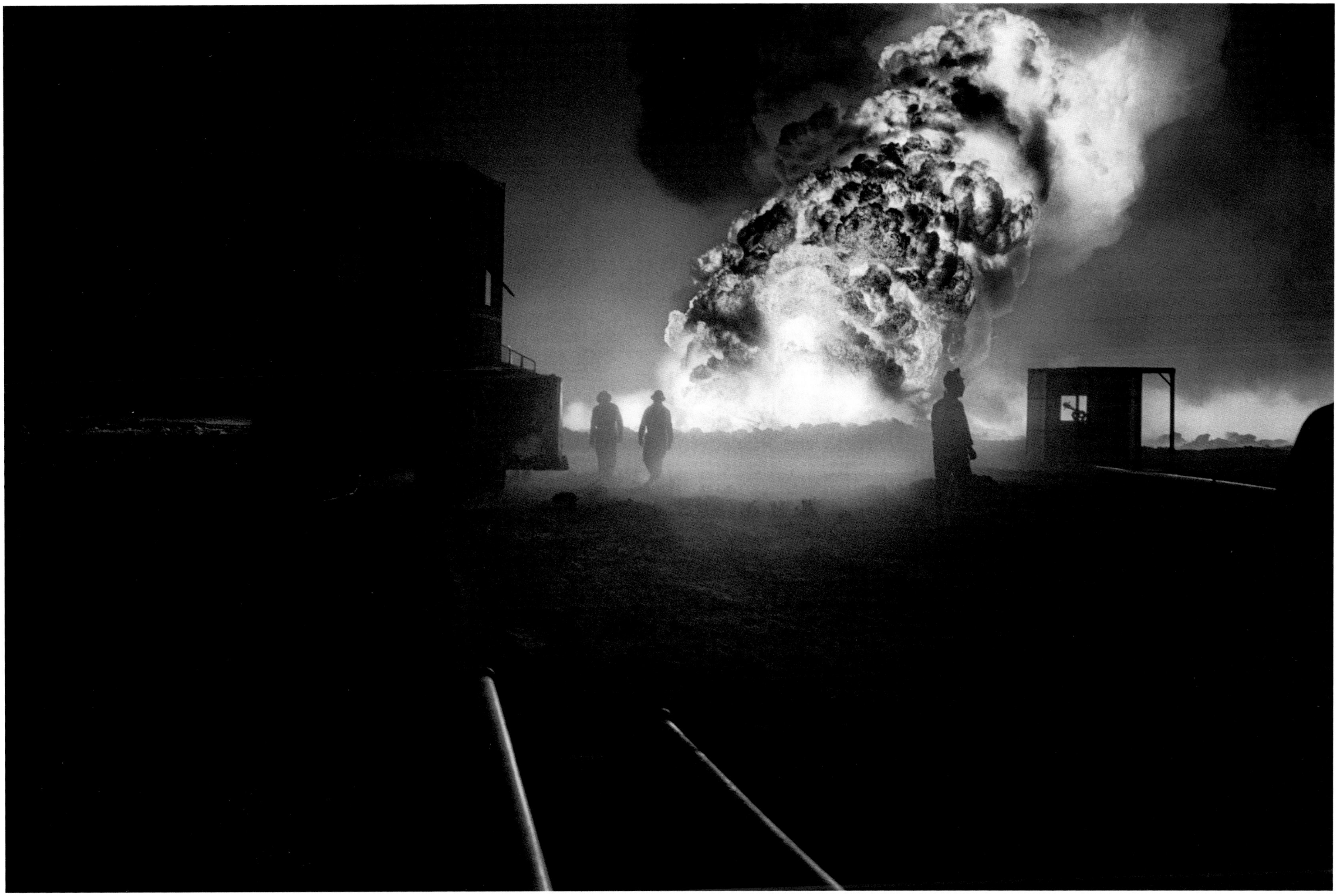

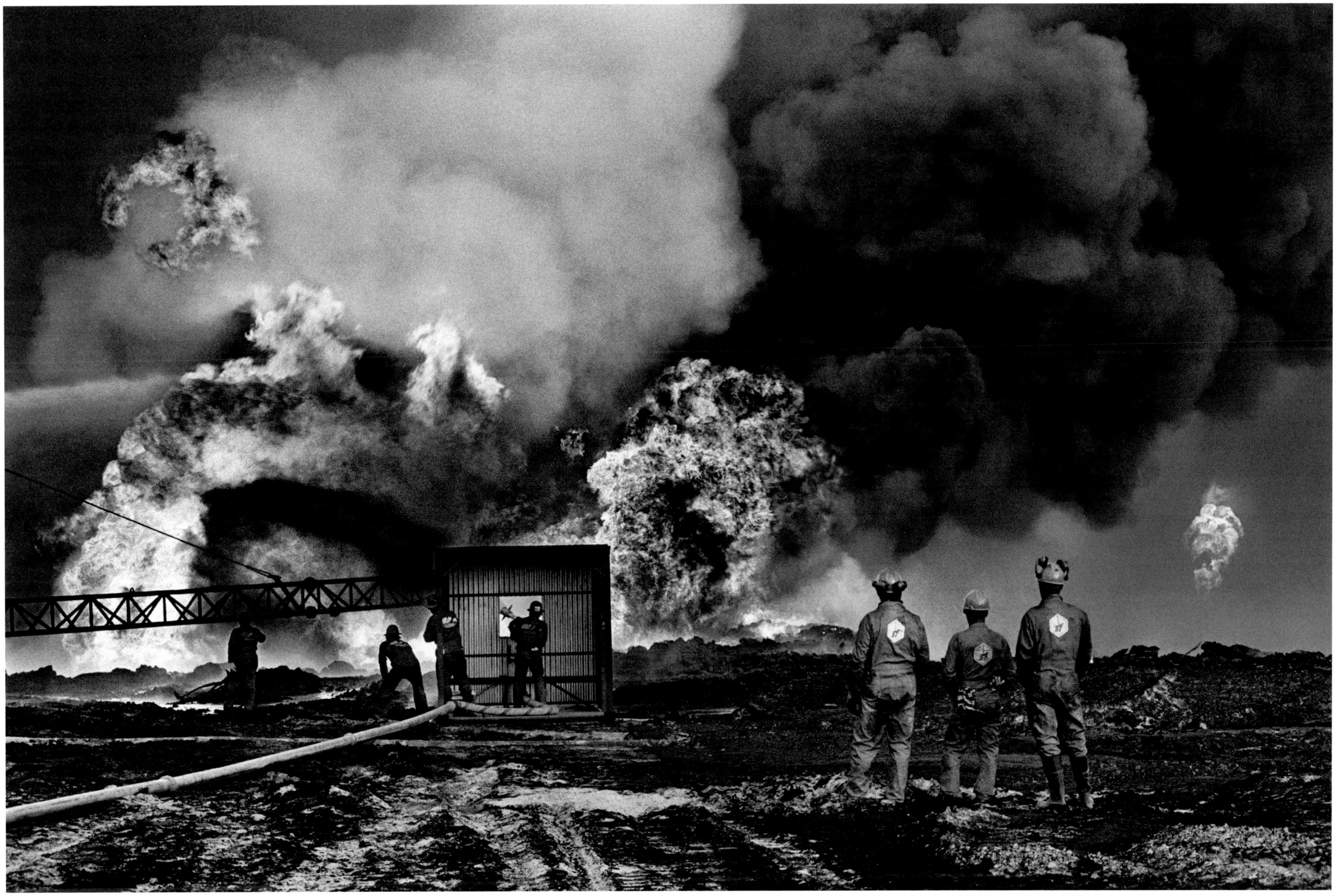

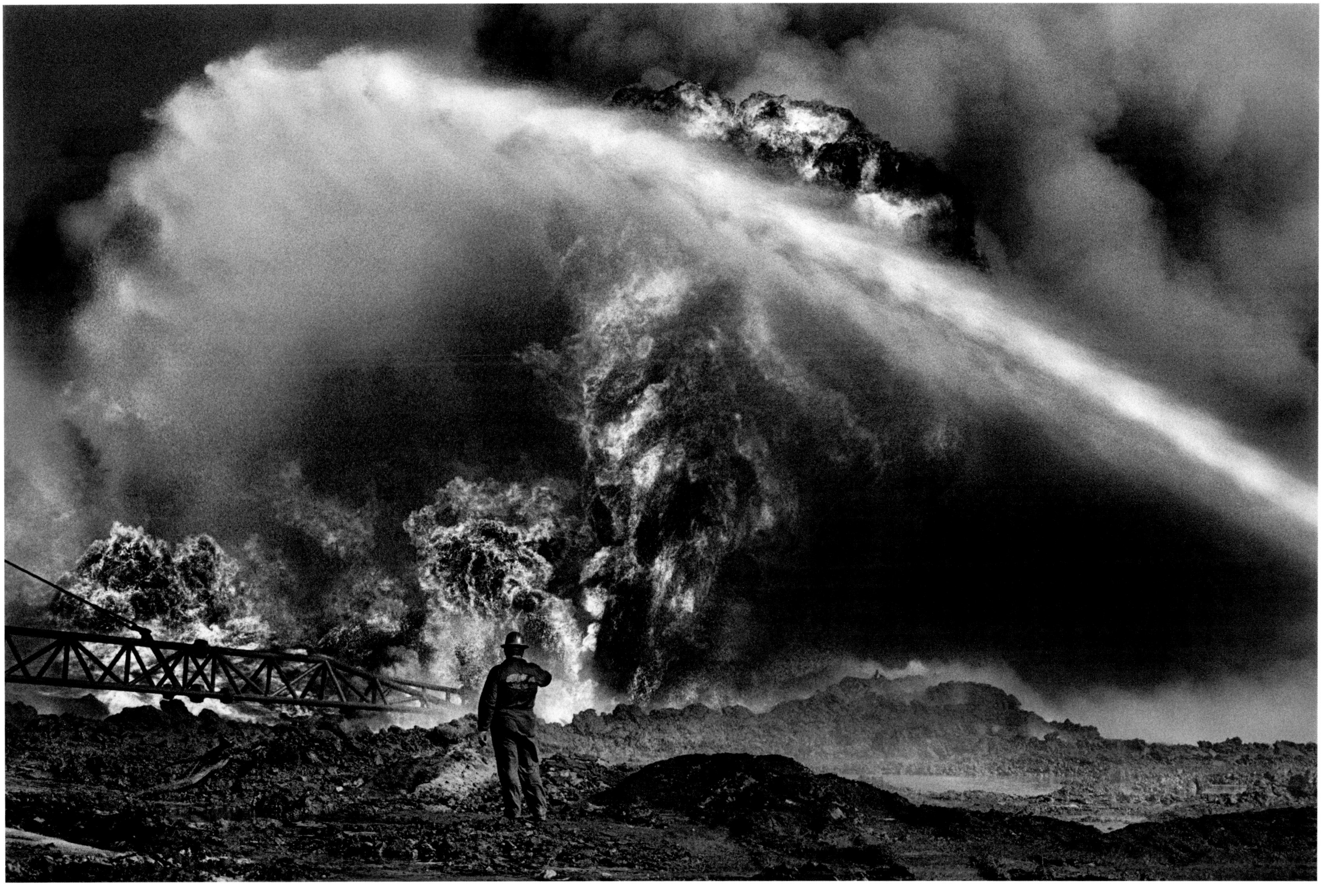

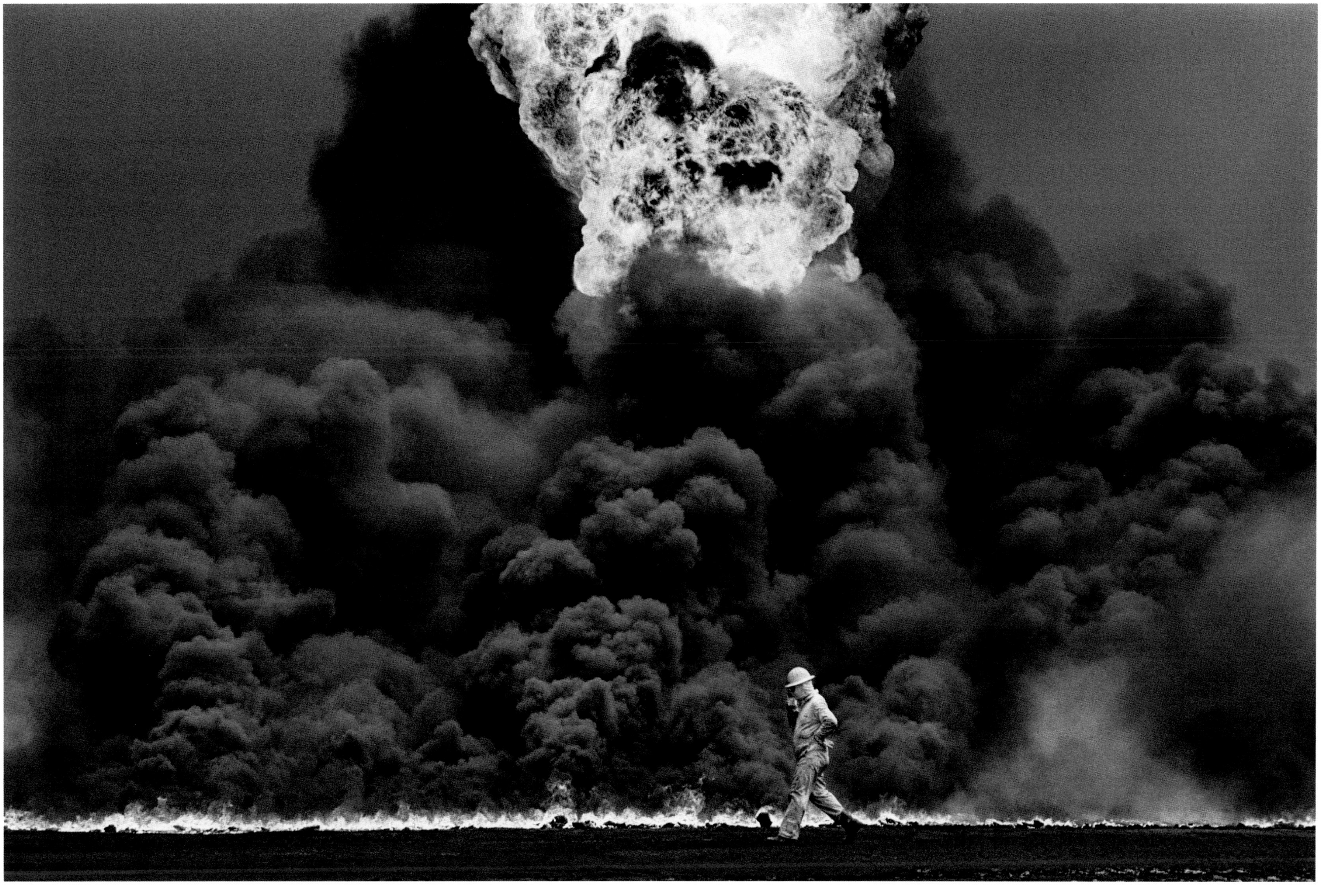

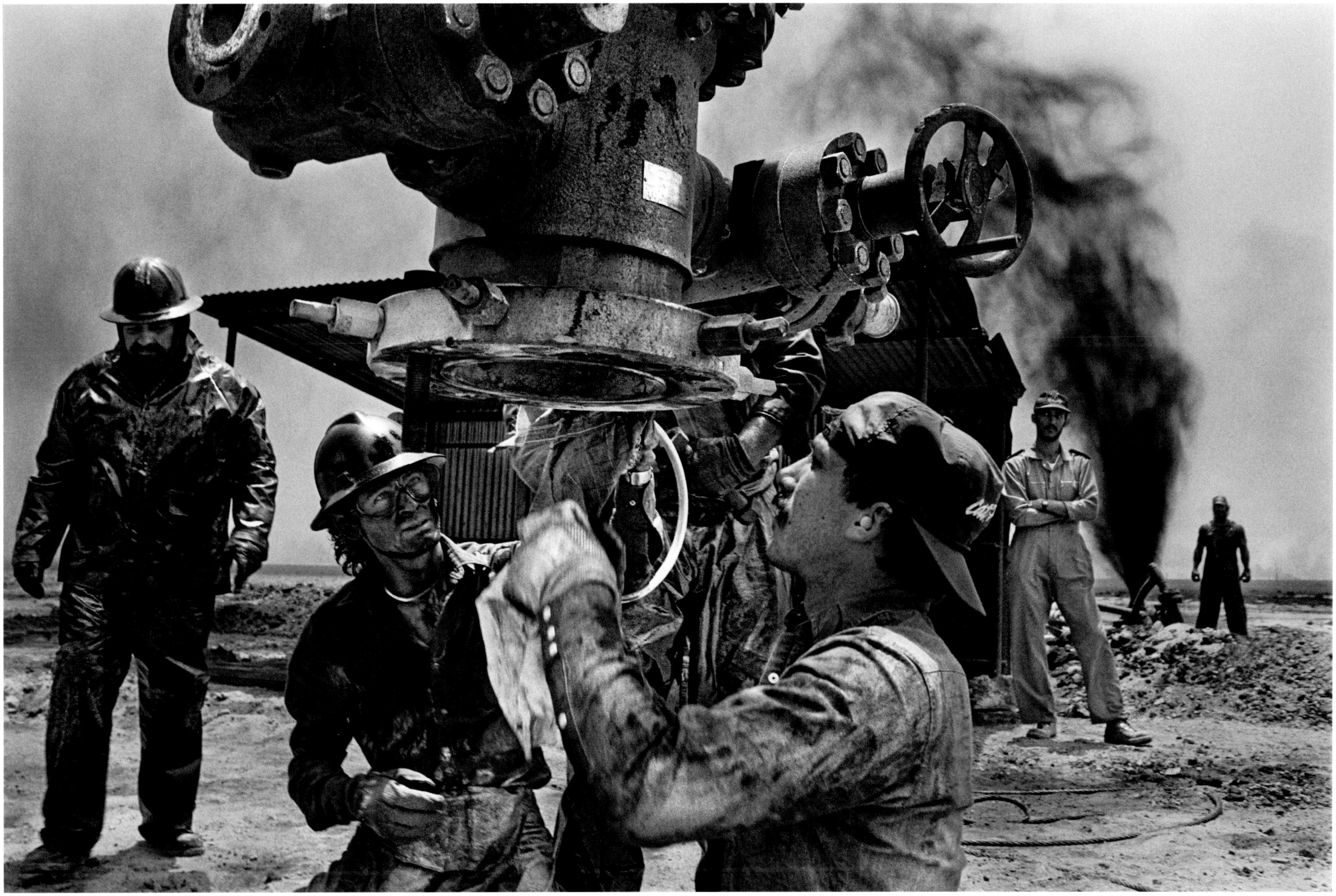

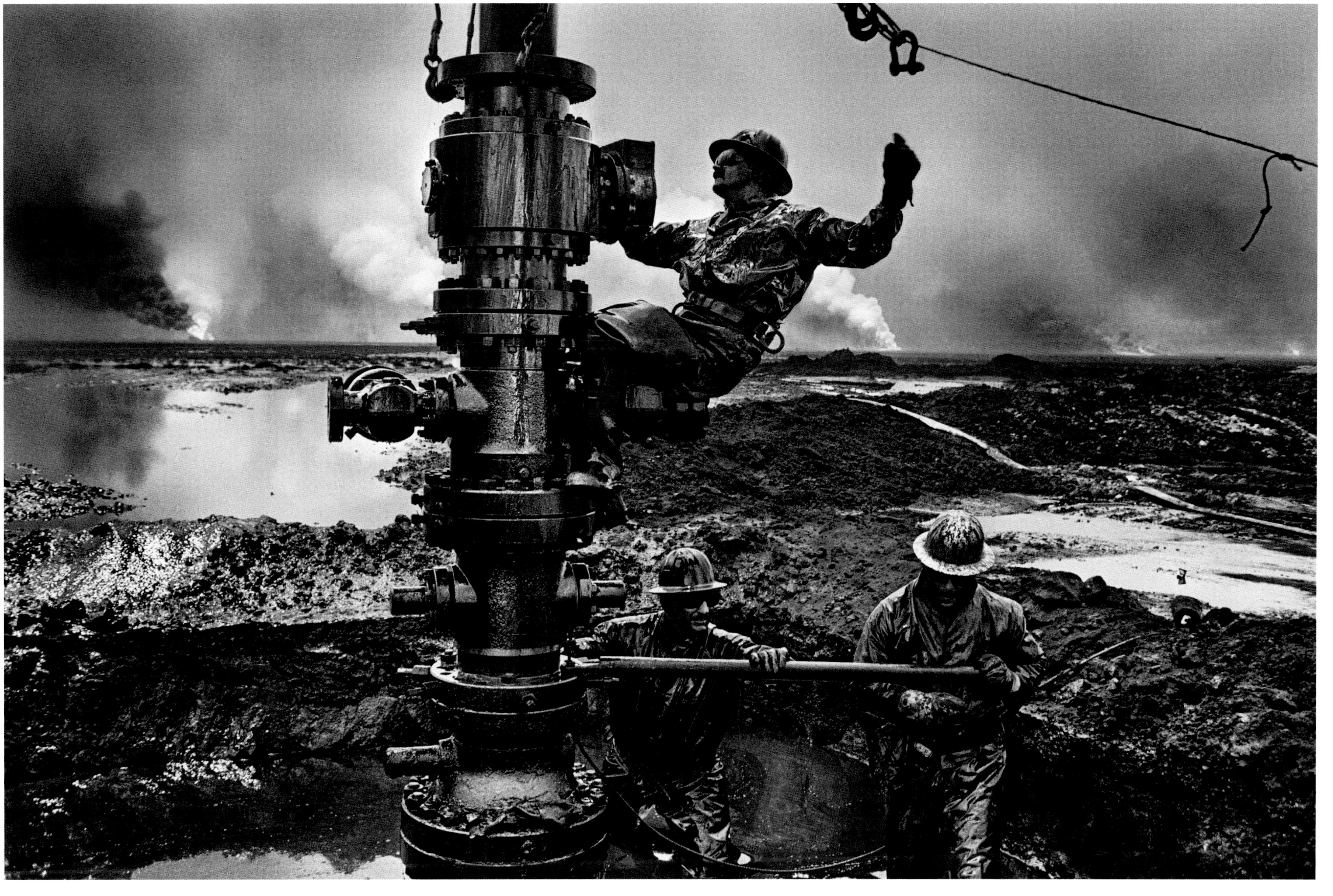

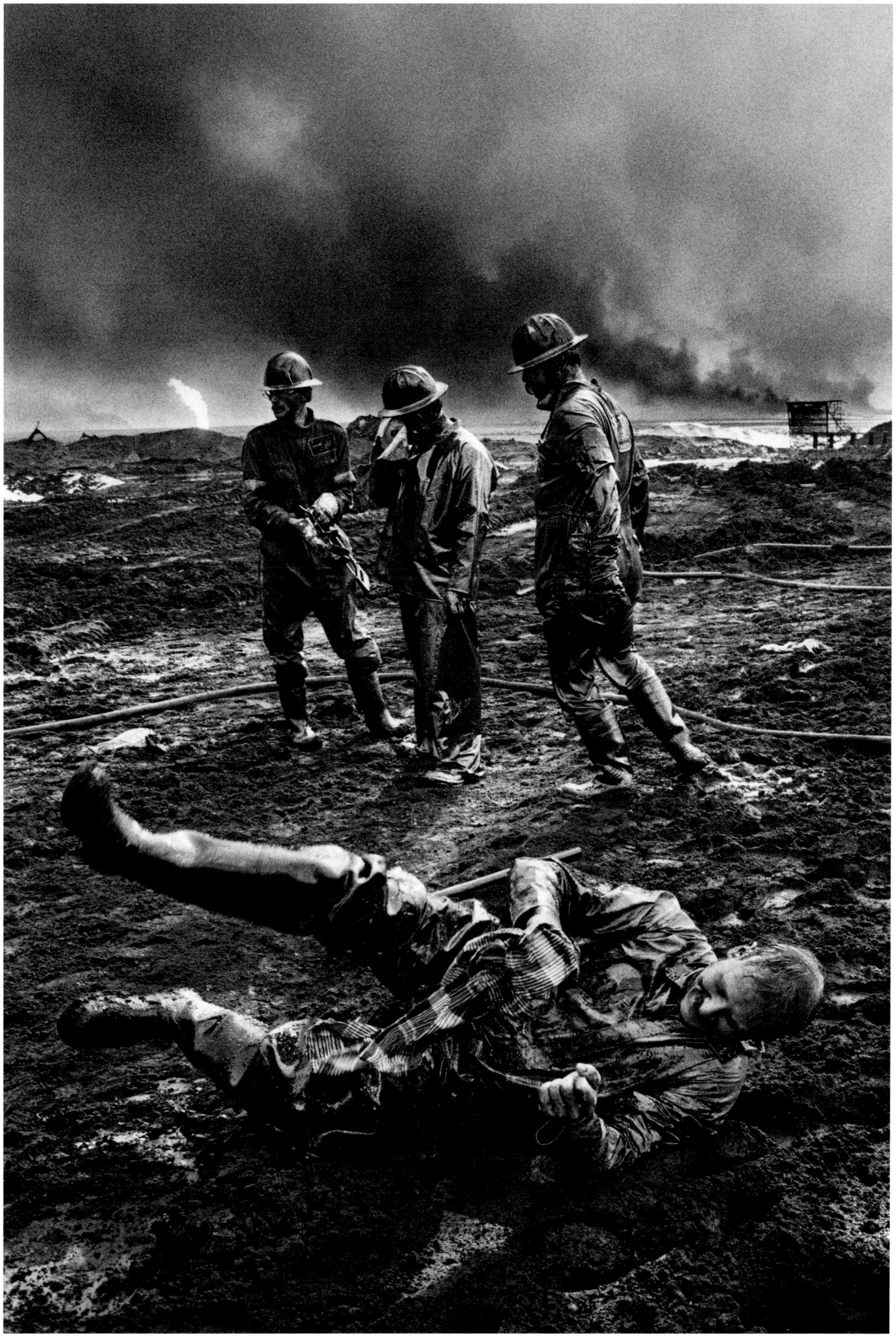

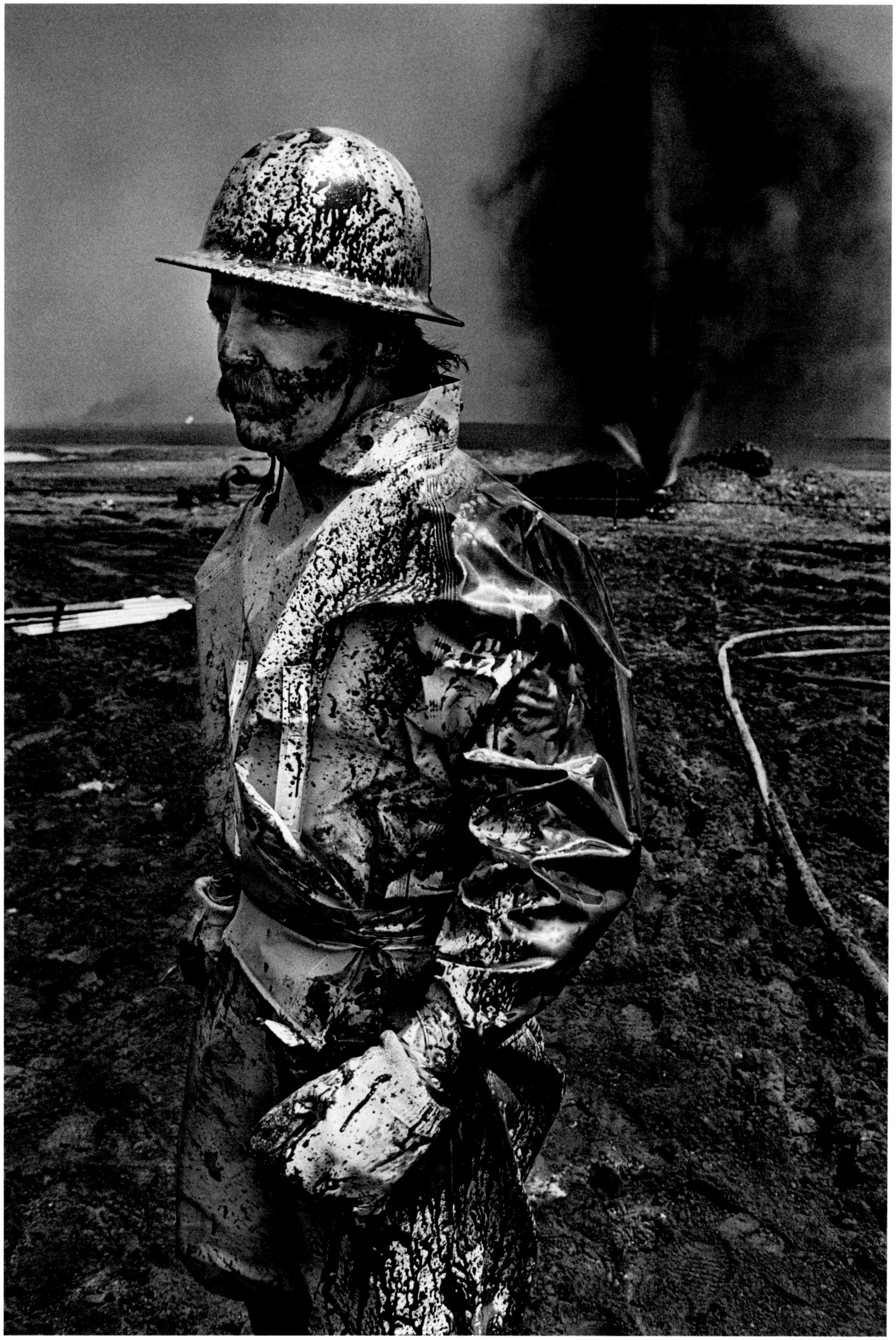

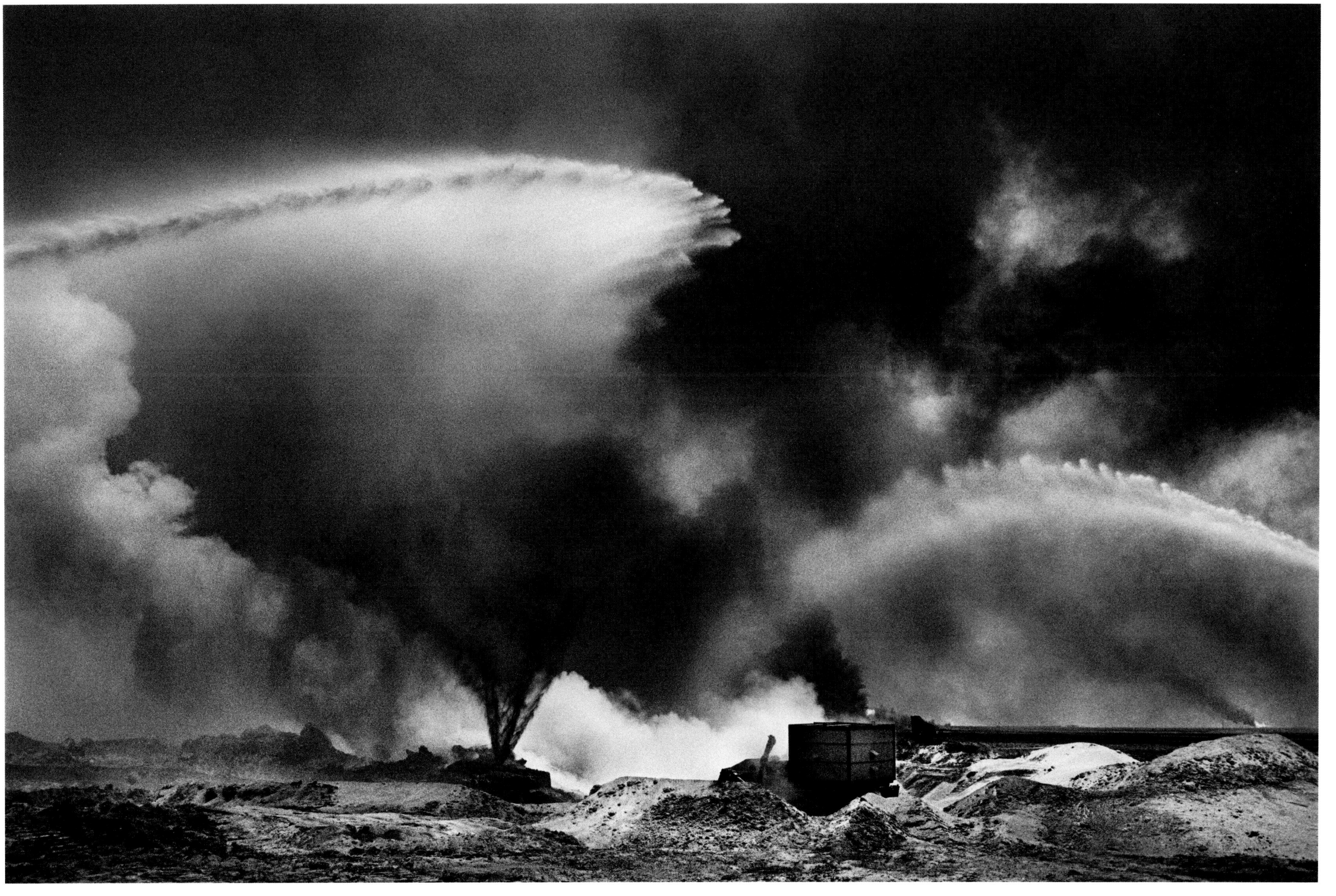

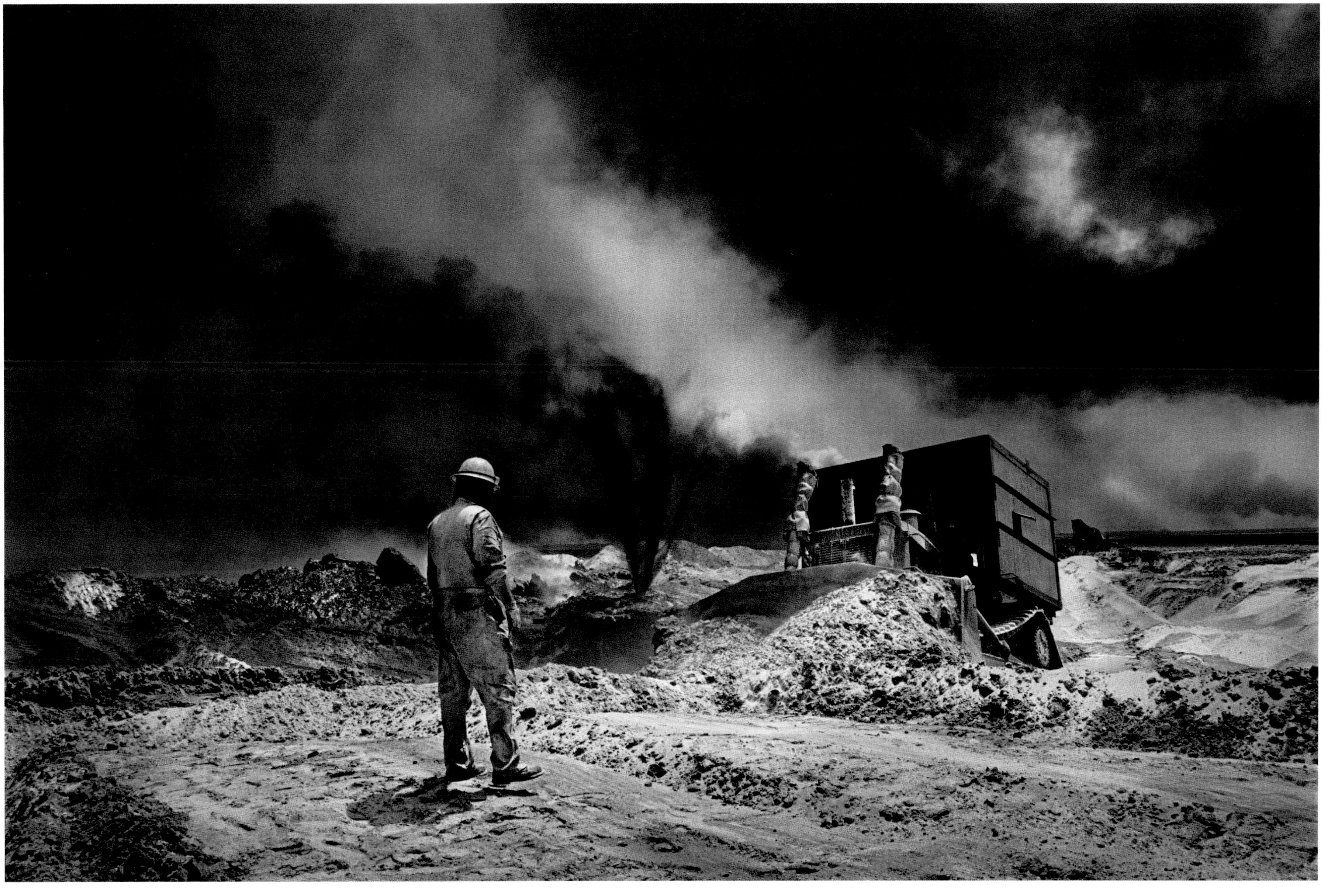

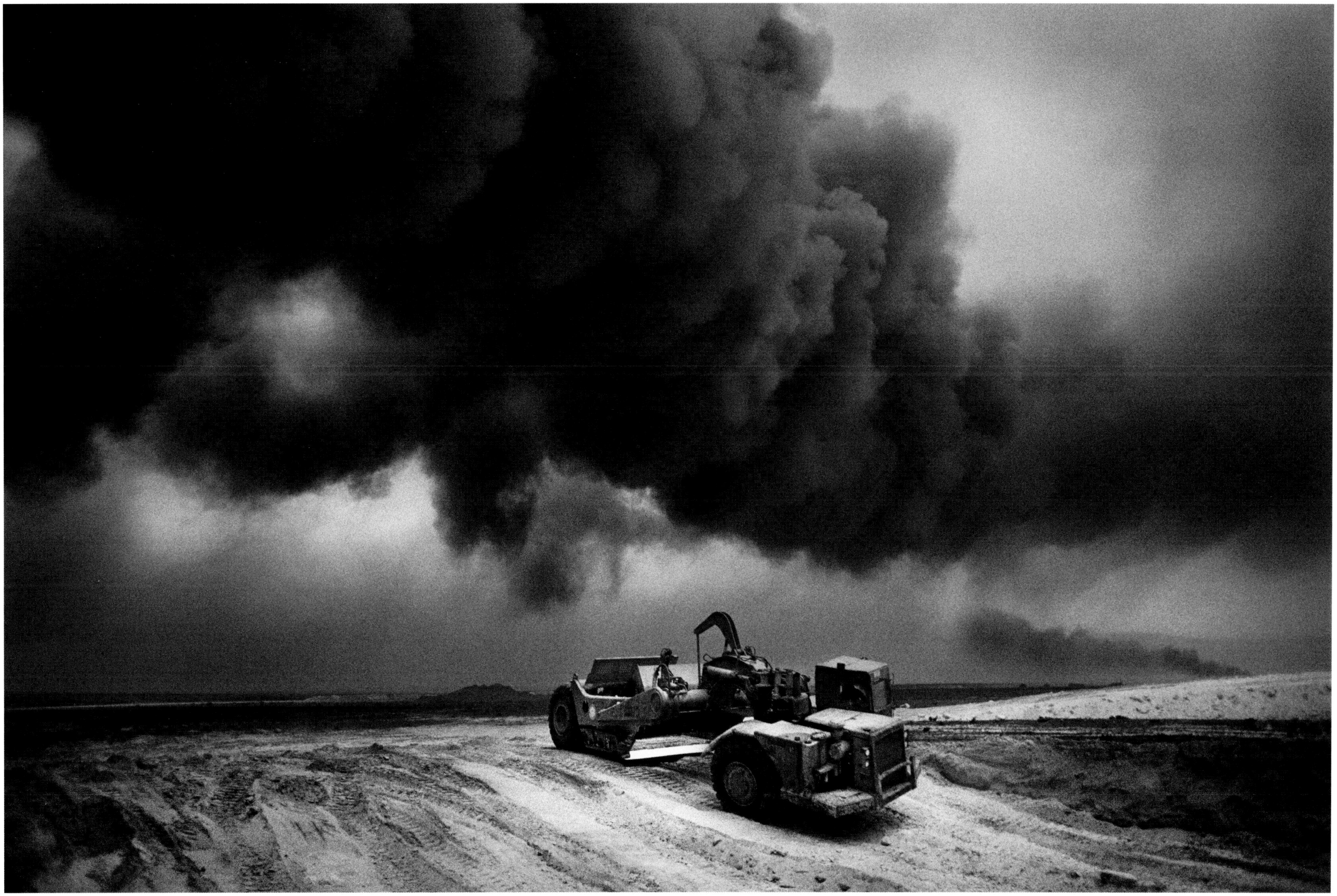

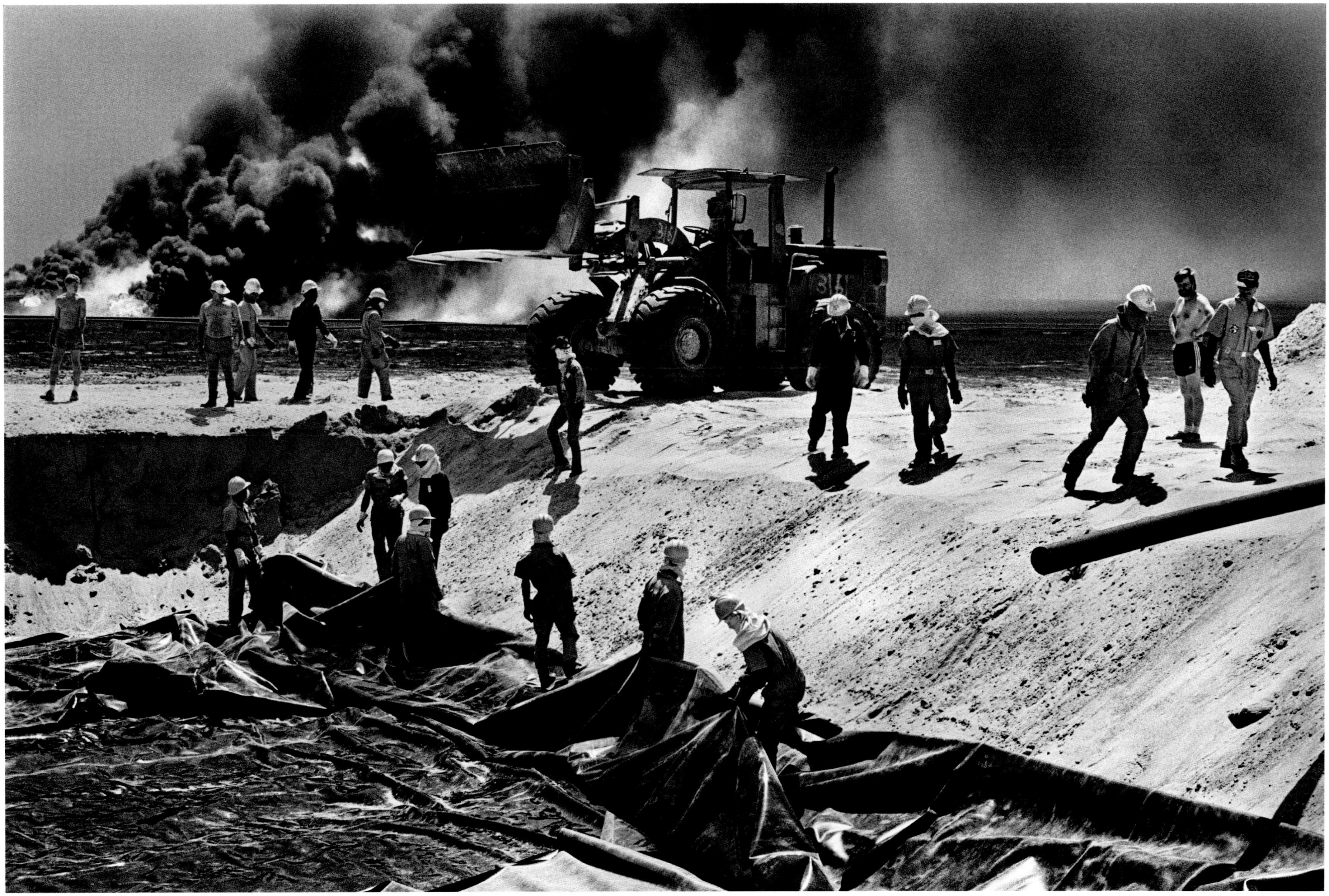

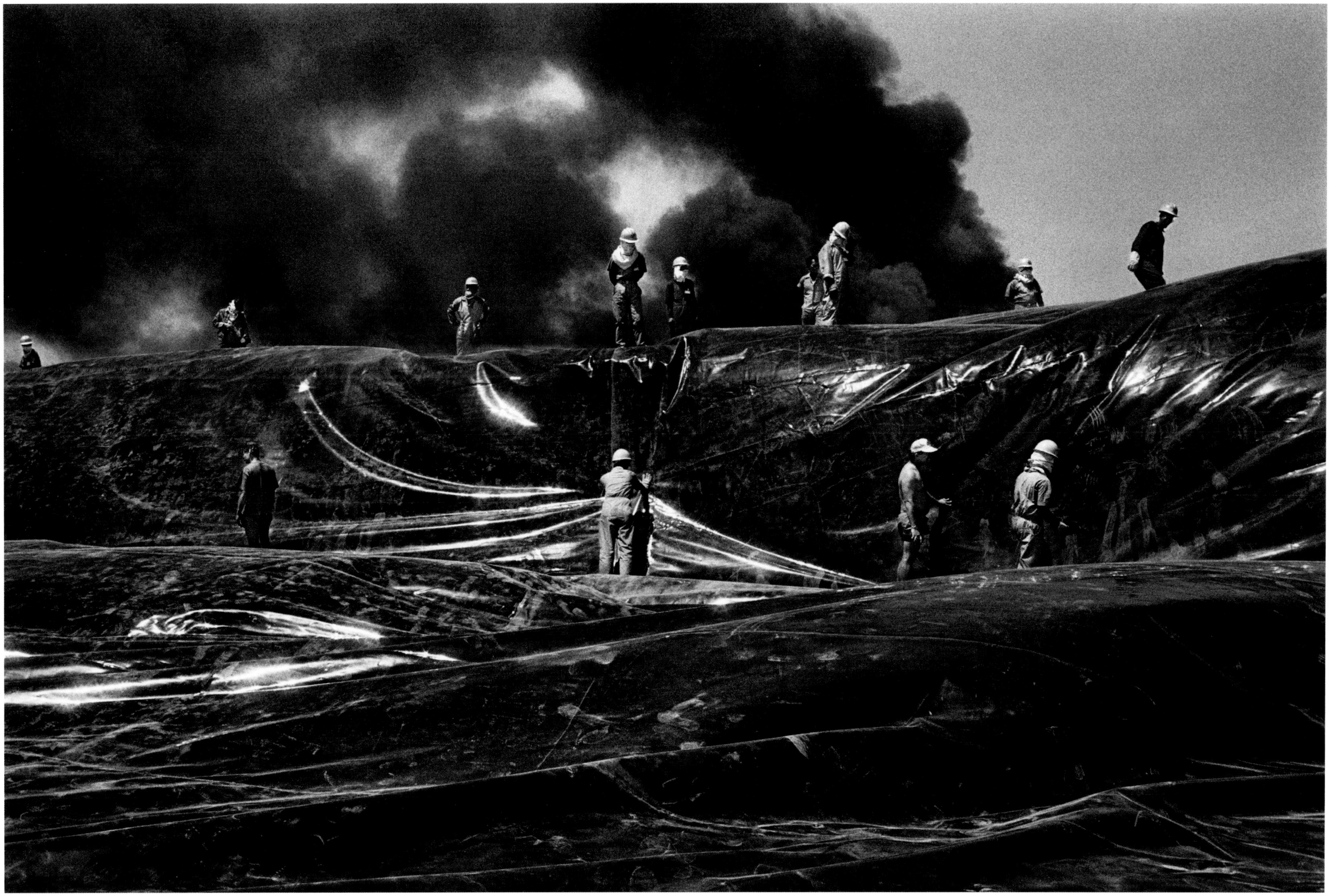

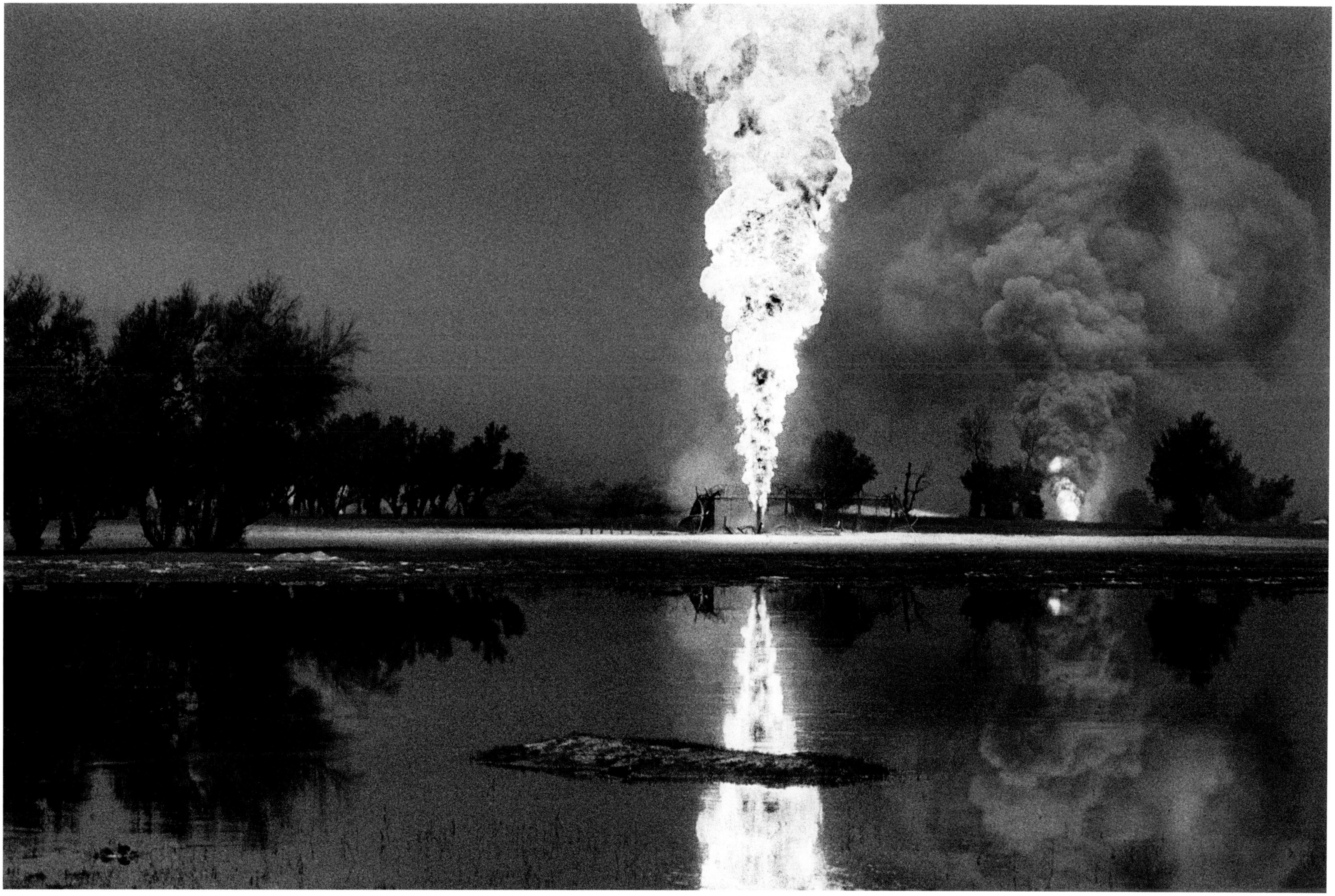

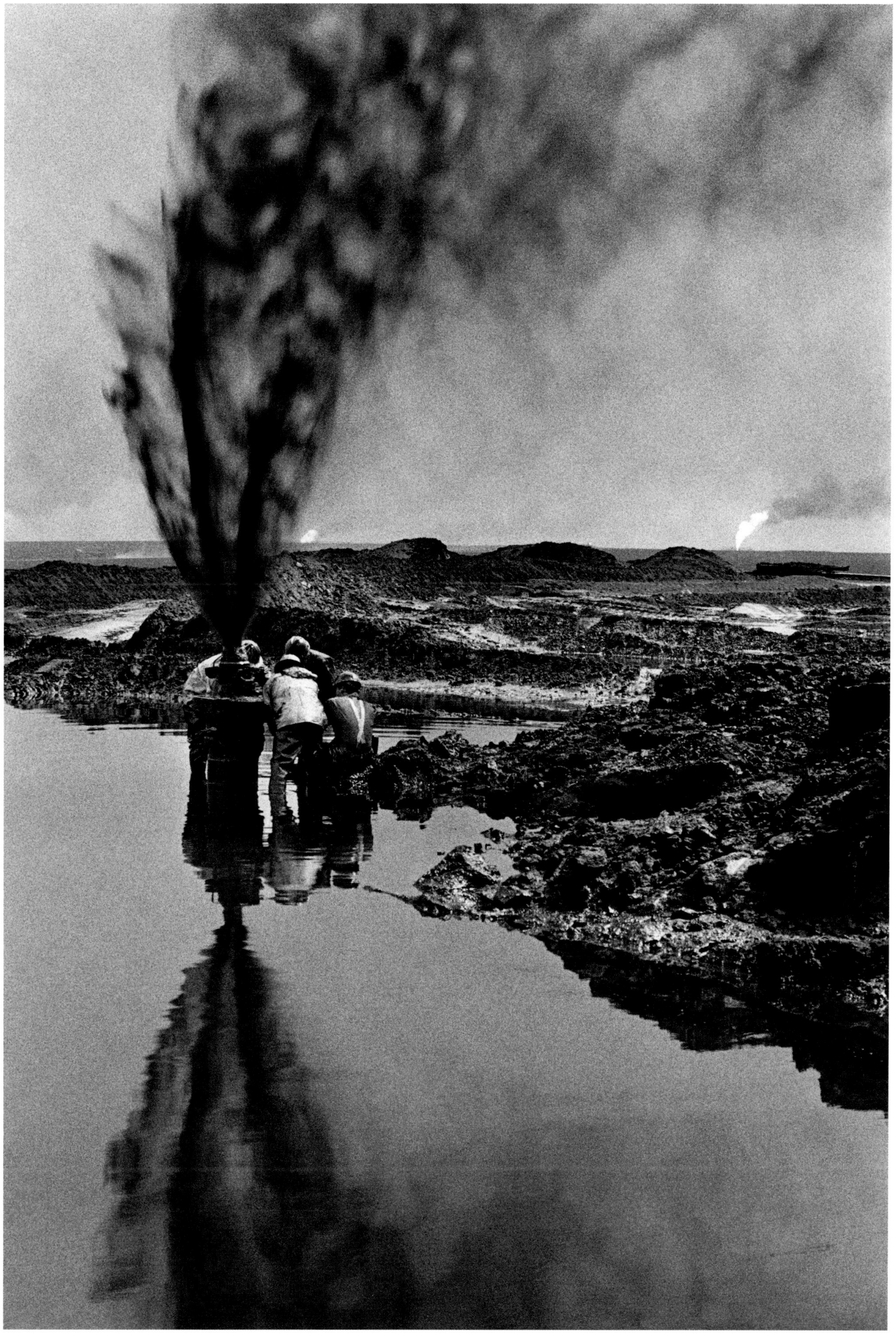

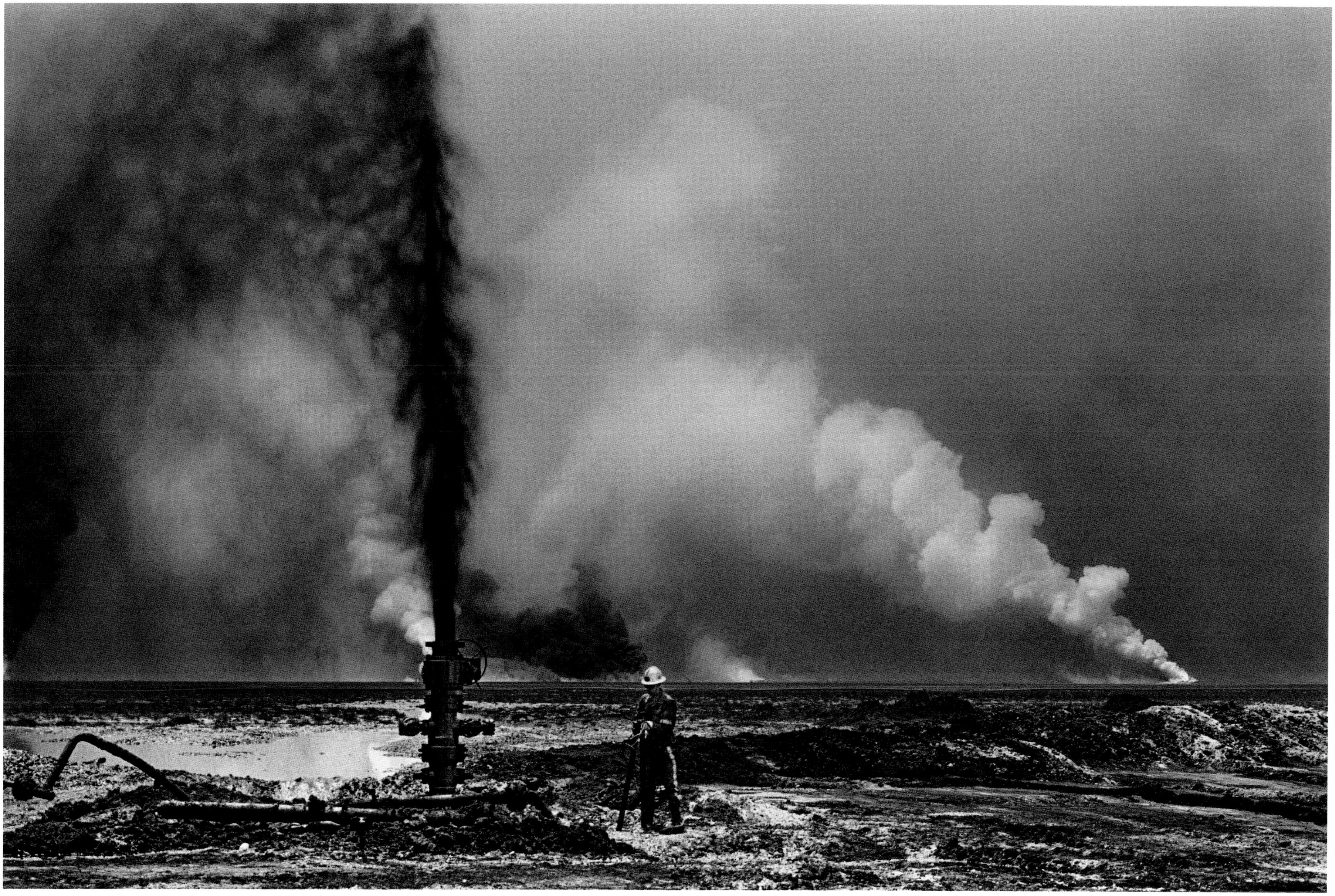

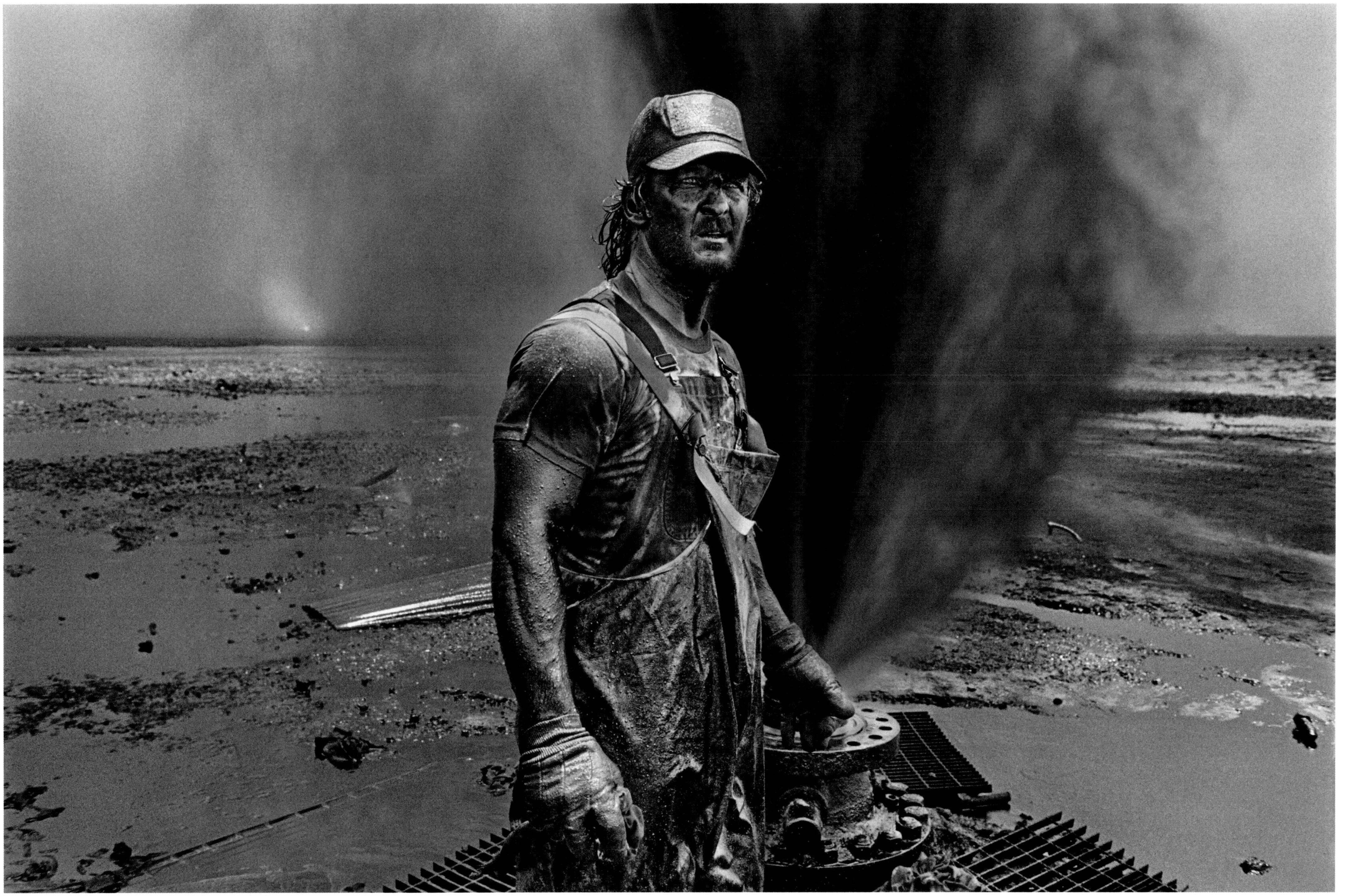

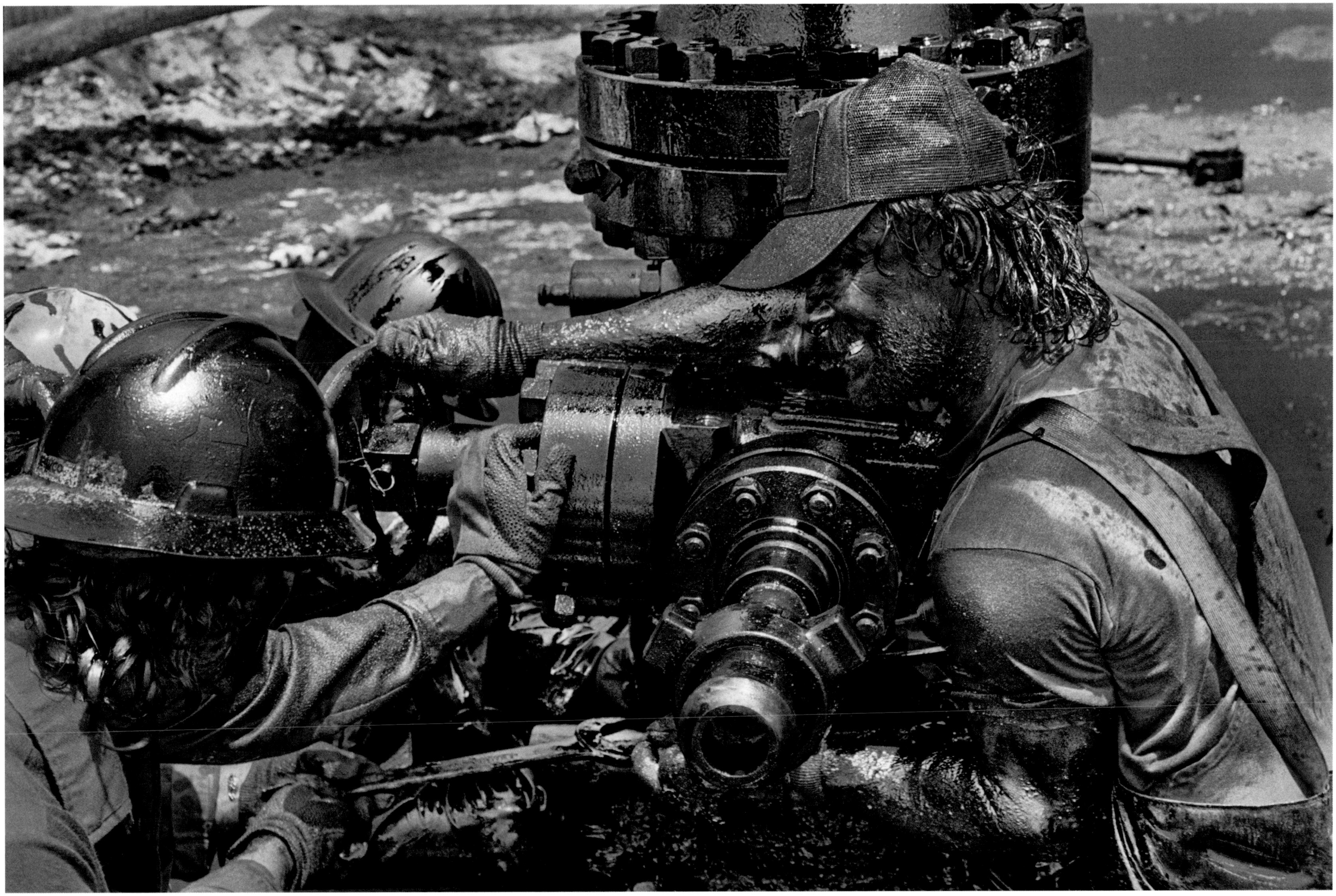

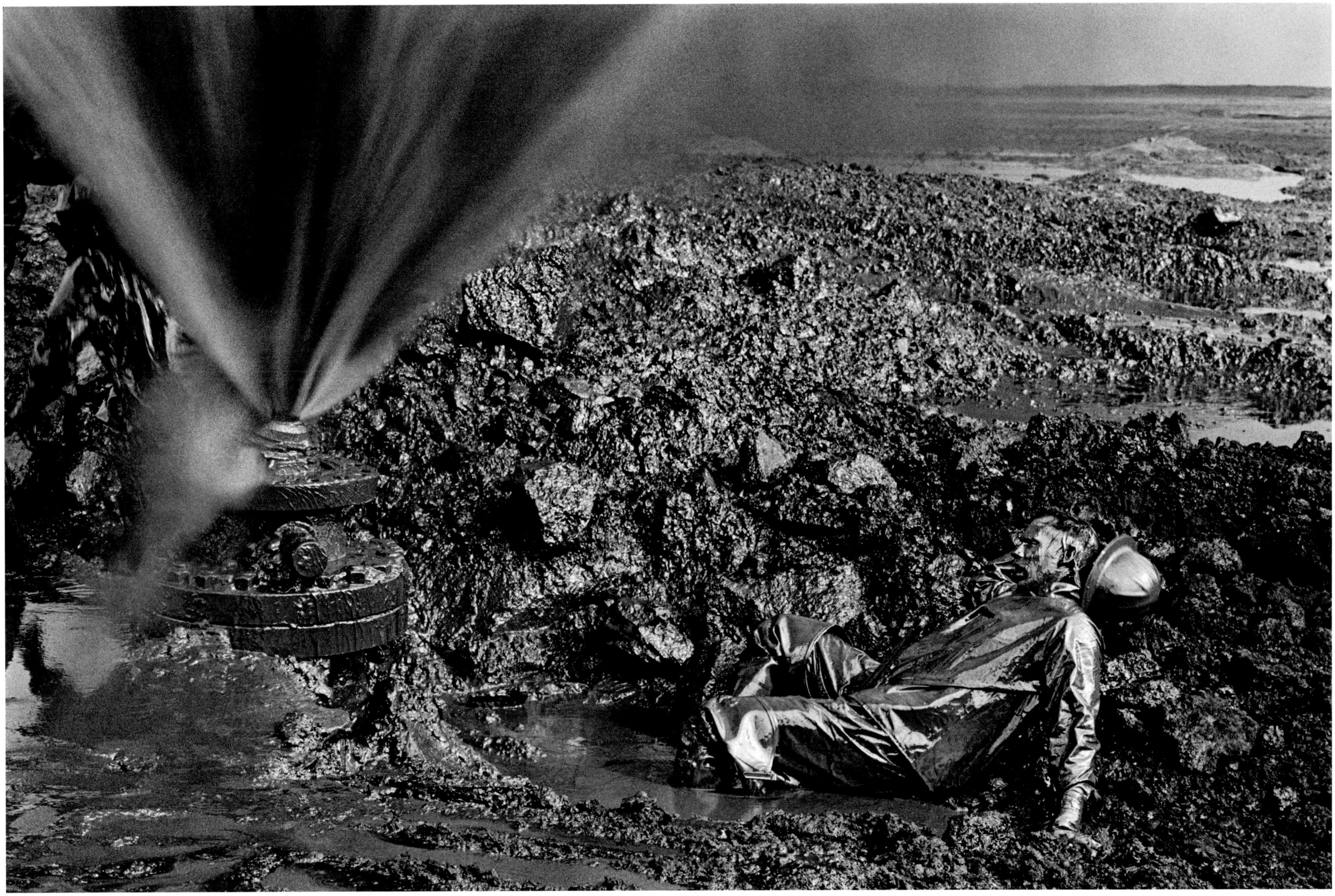

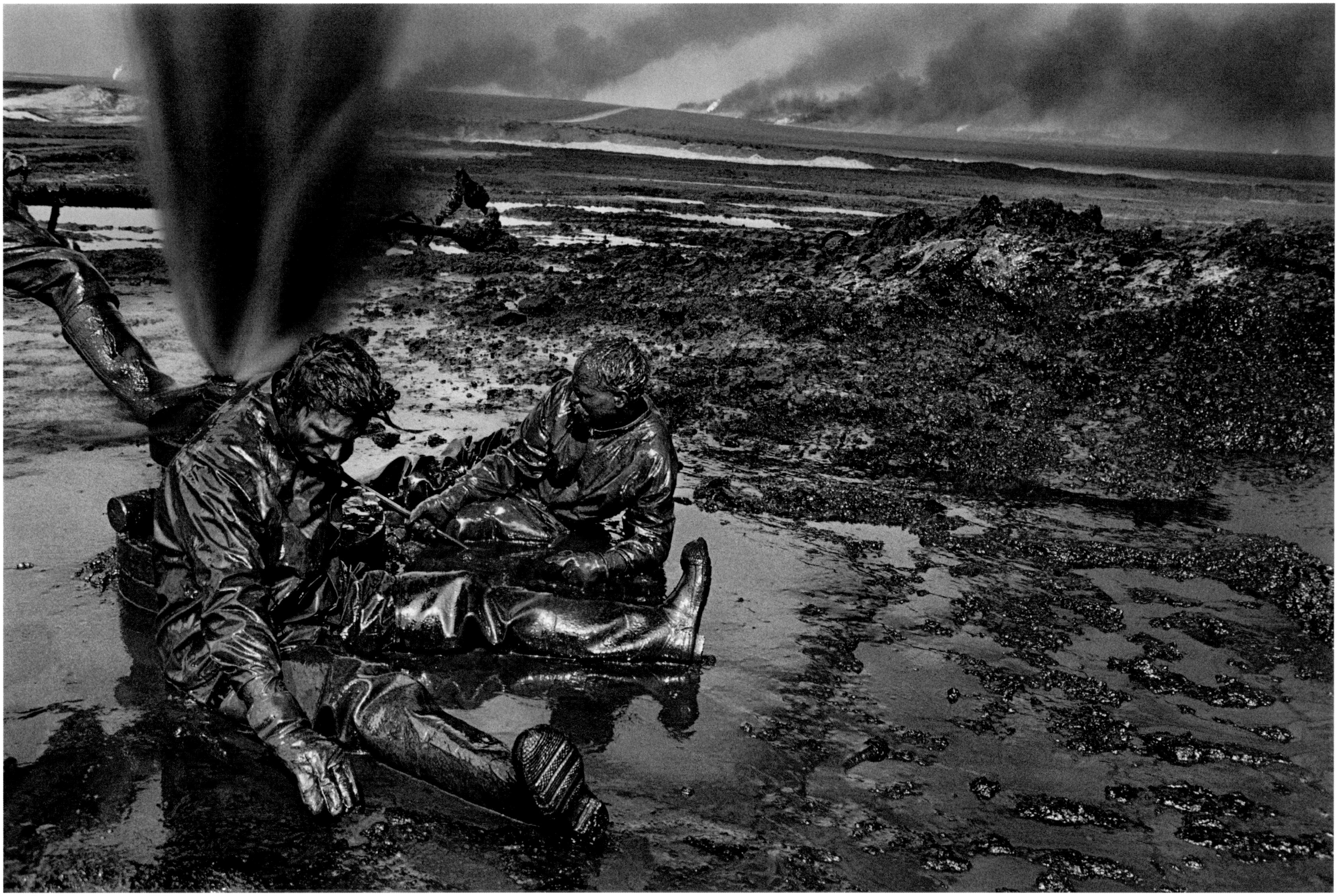

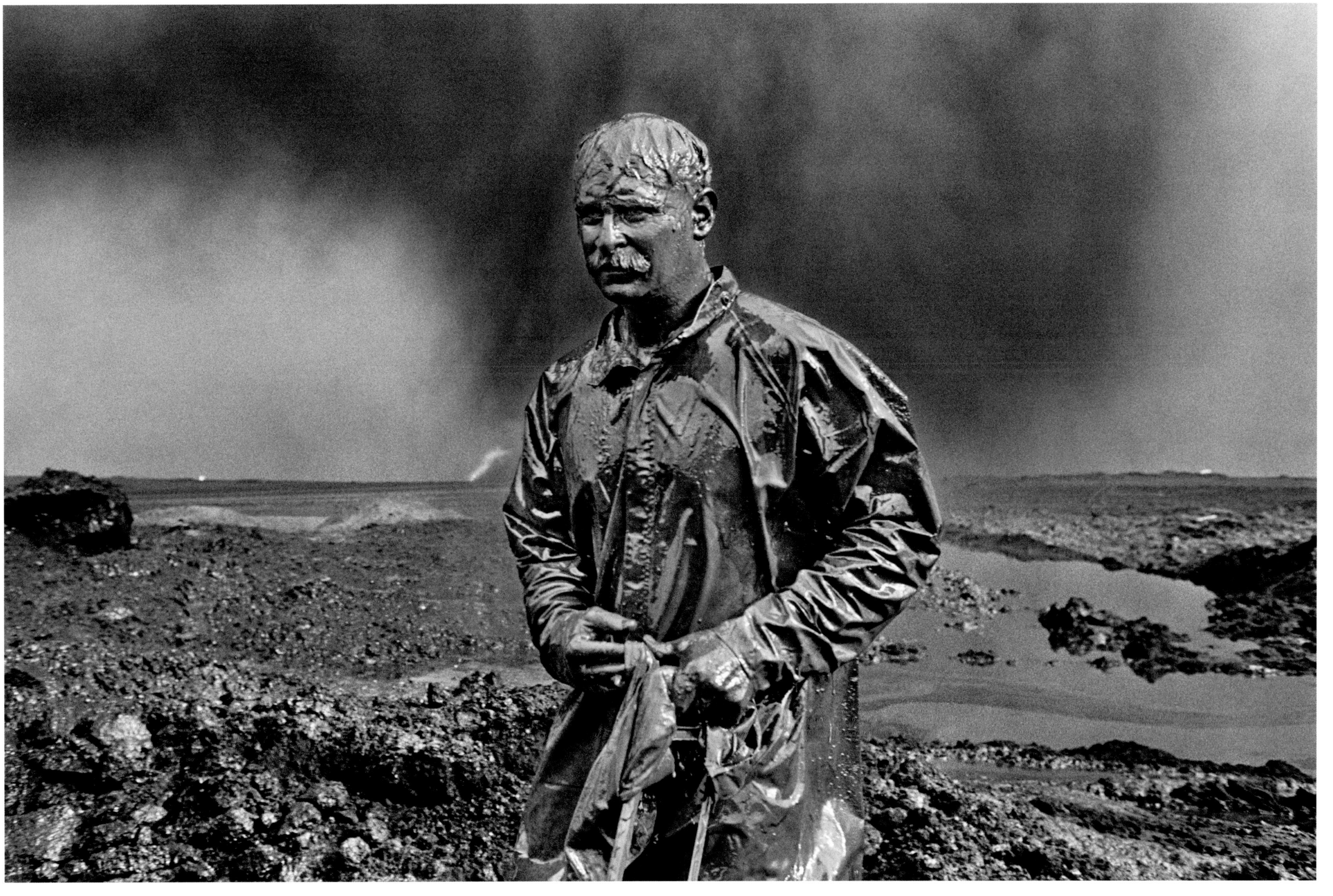

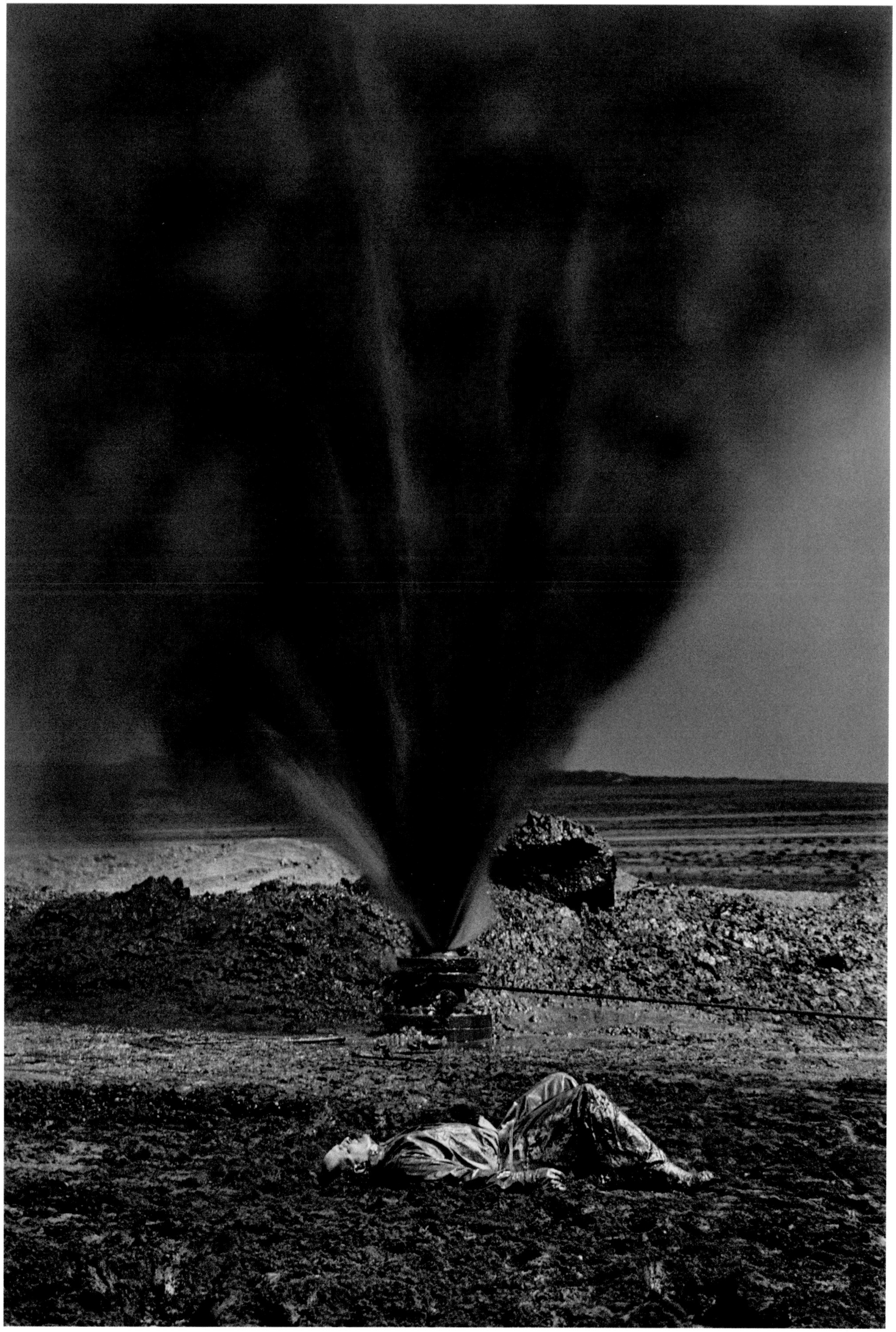

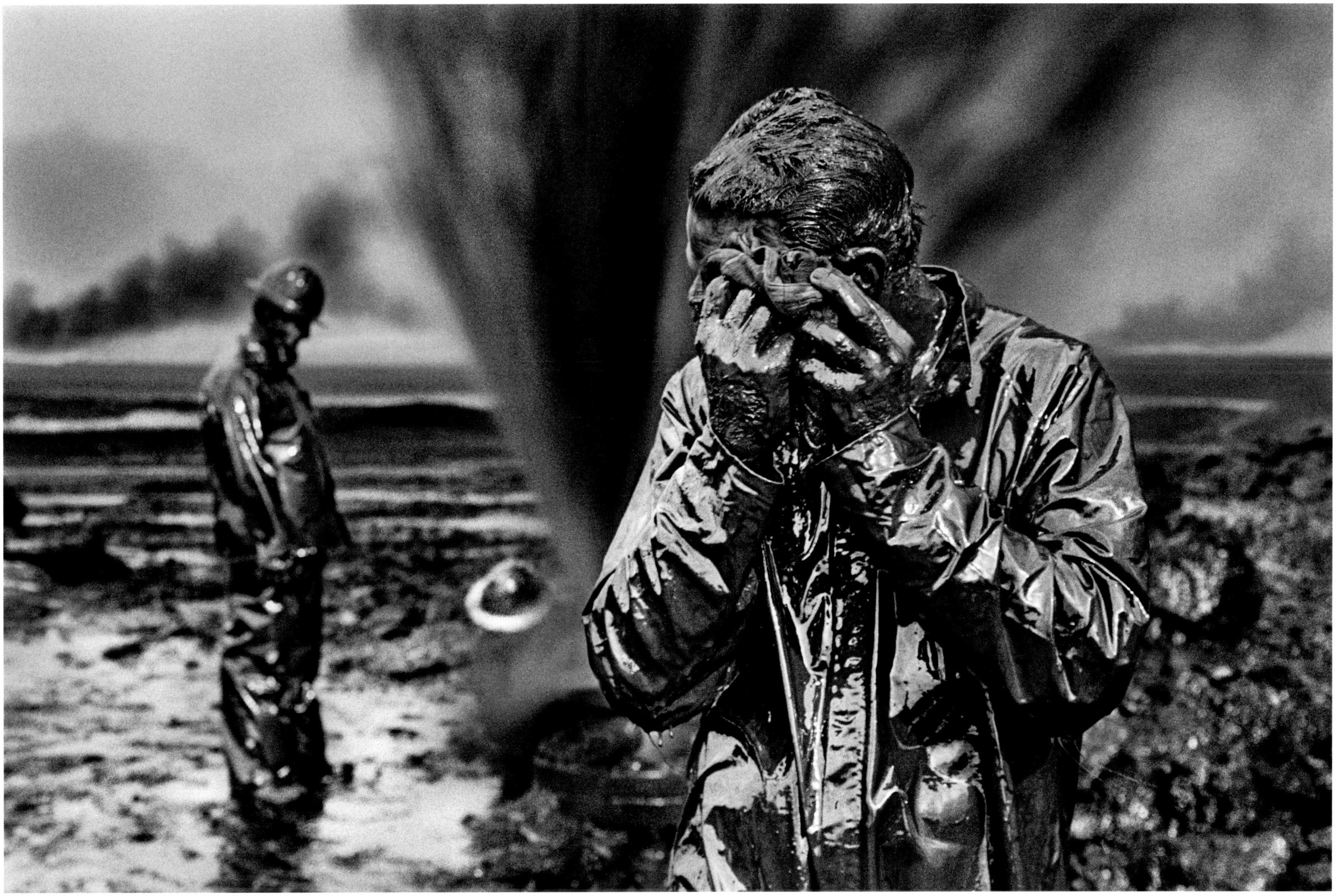

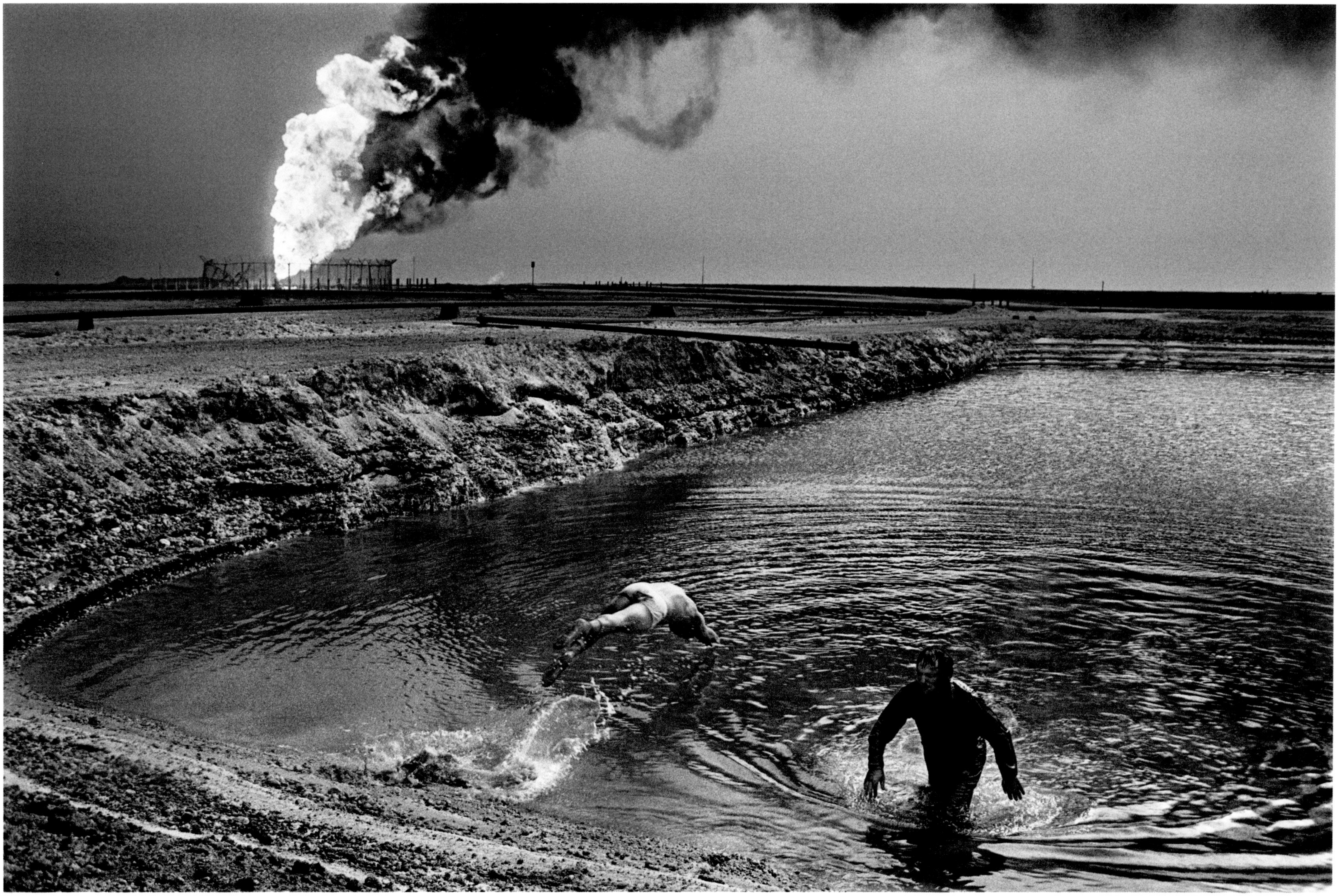

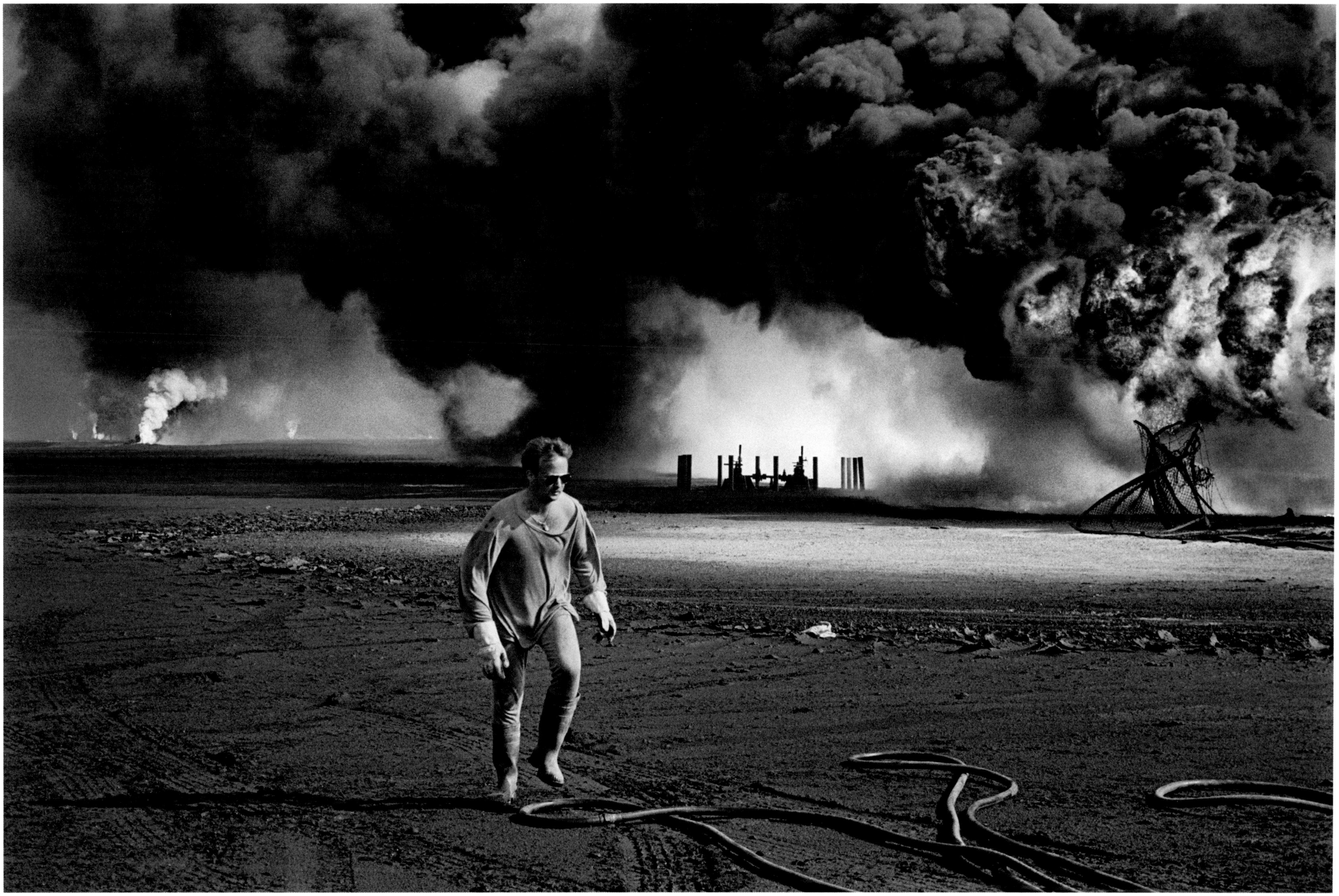

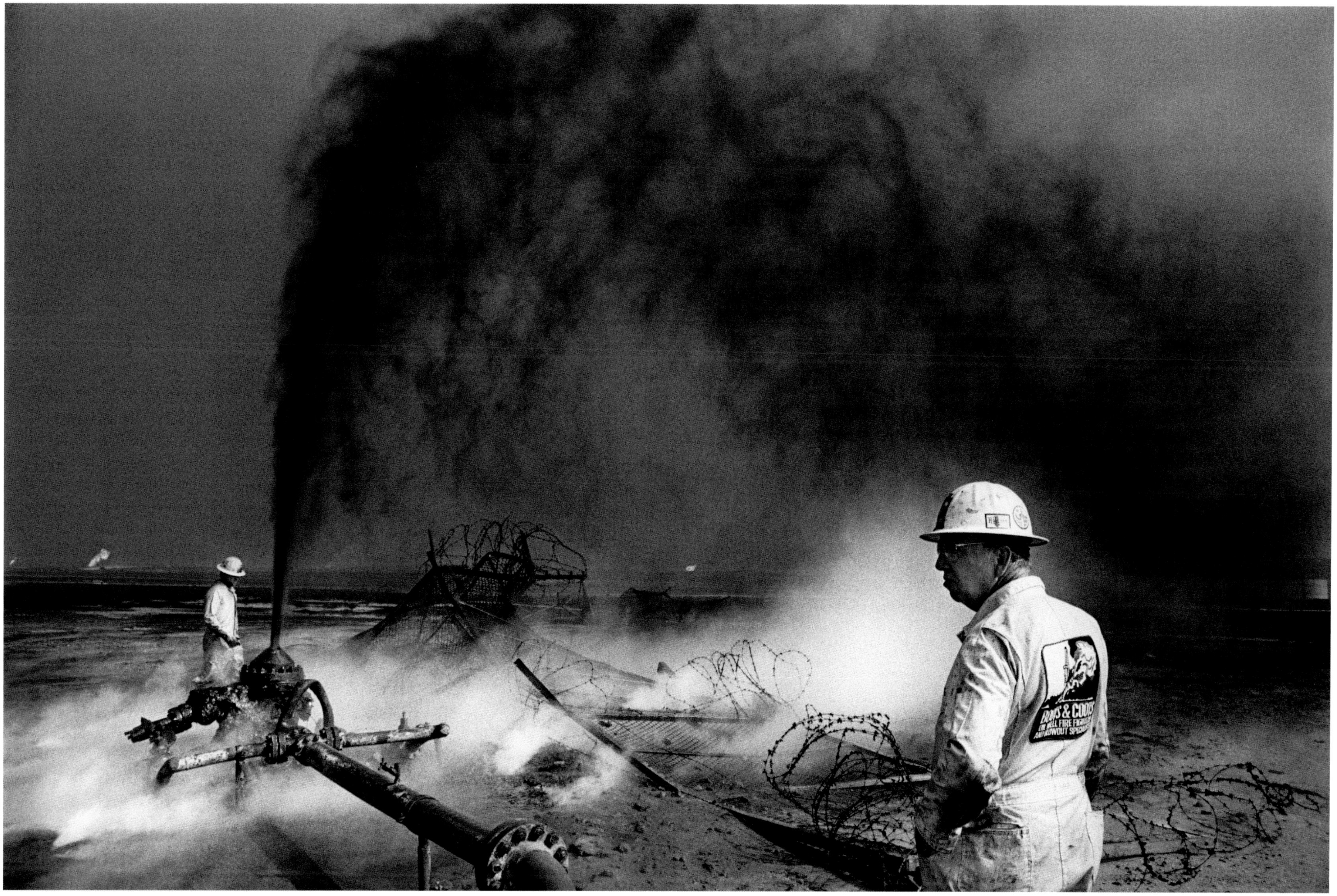
WELL FIRE

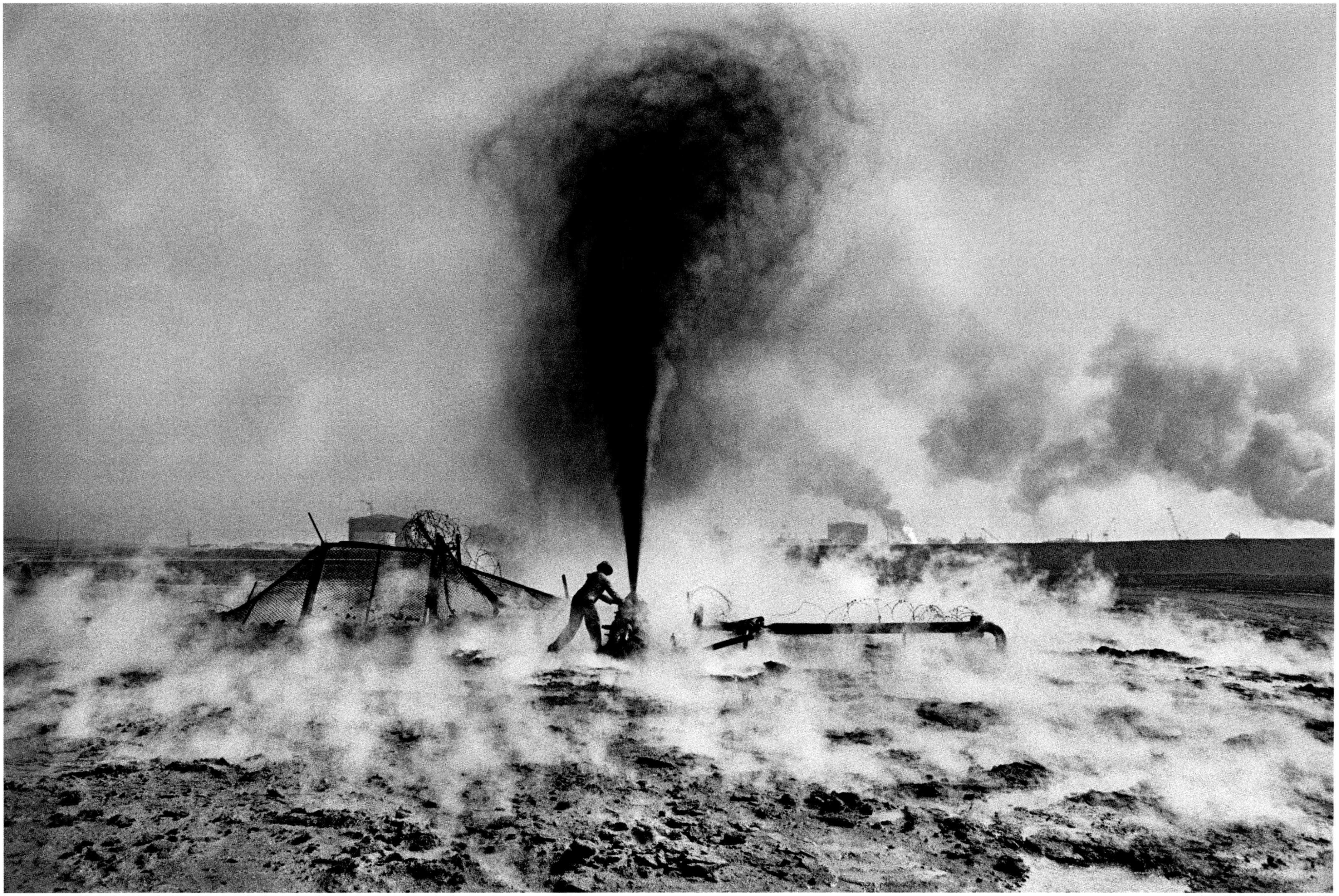

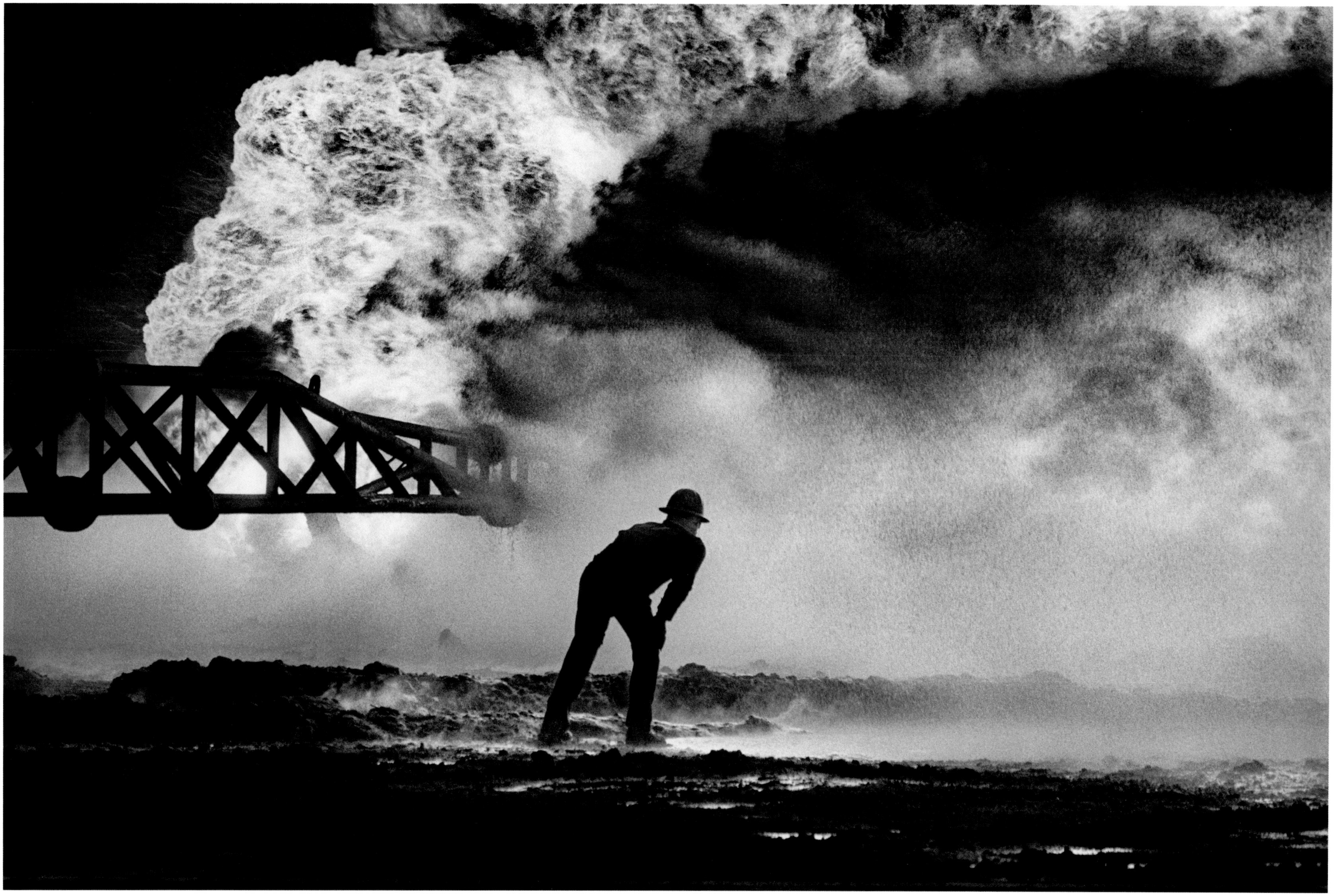

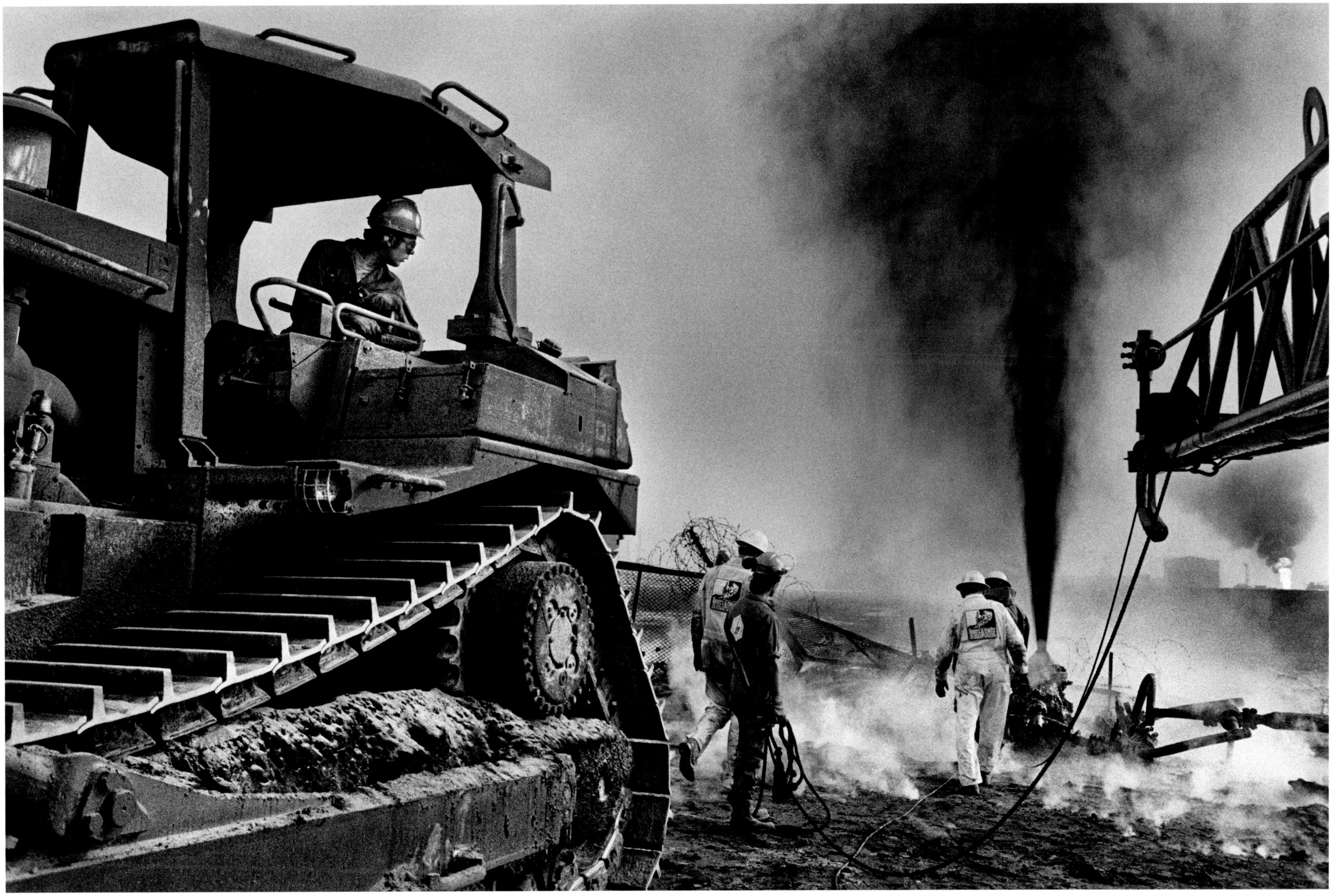

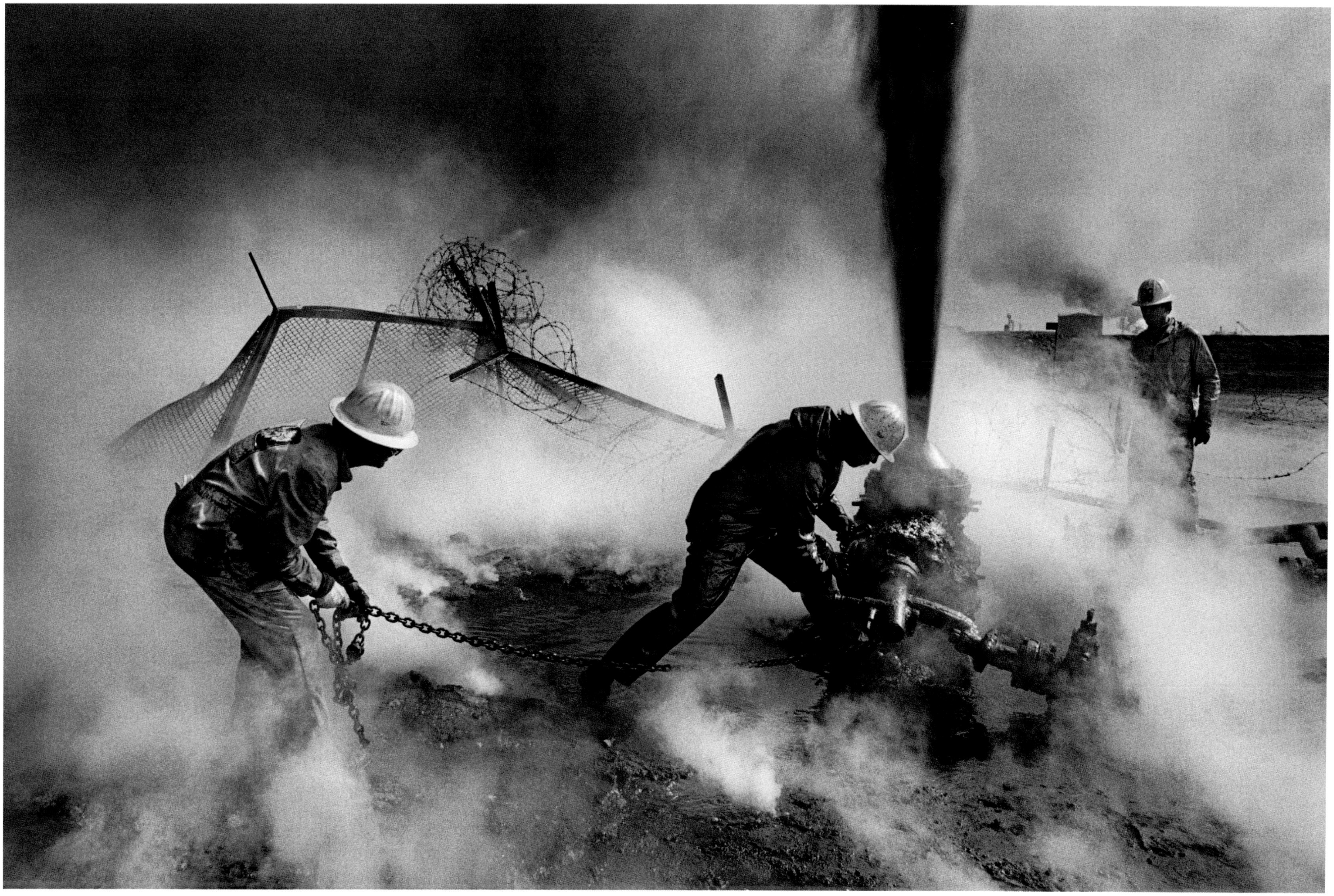

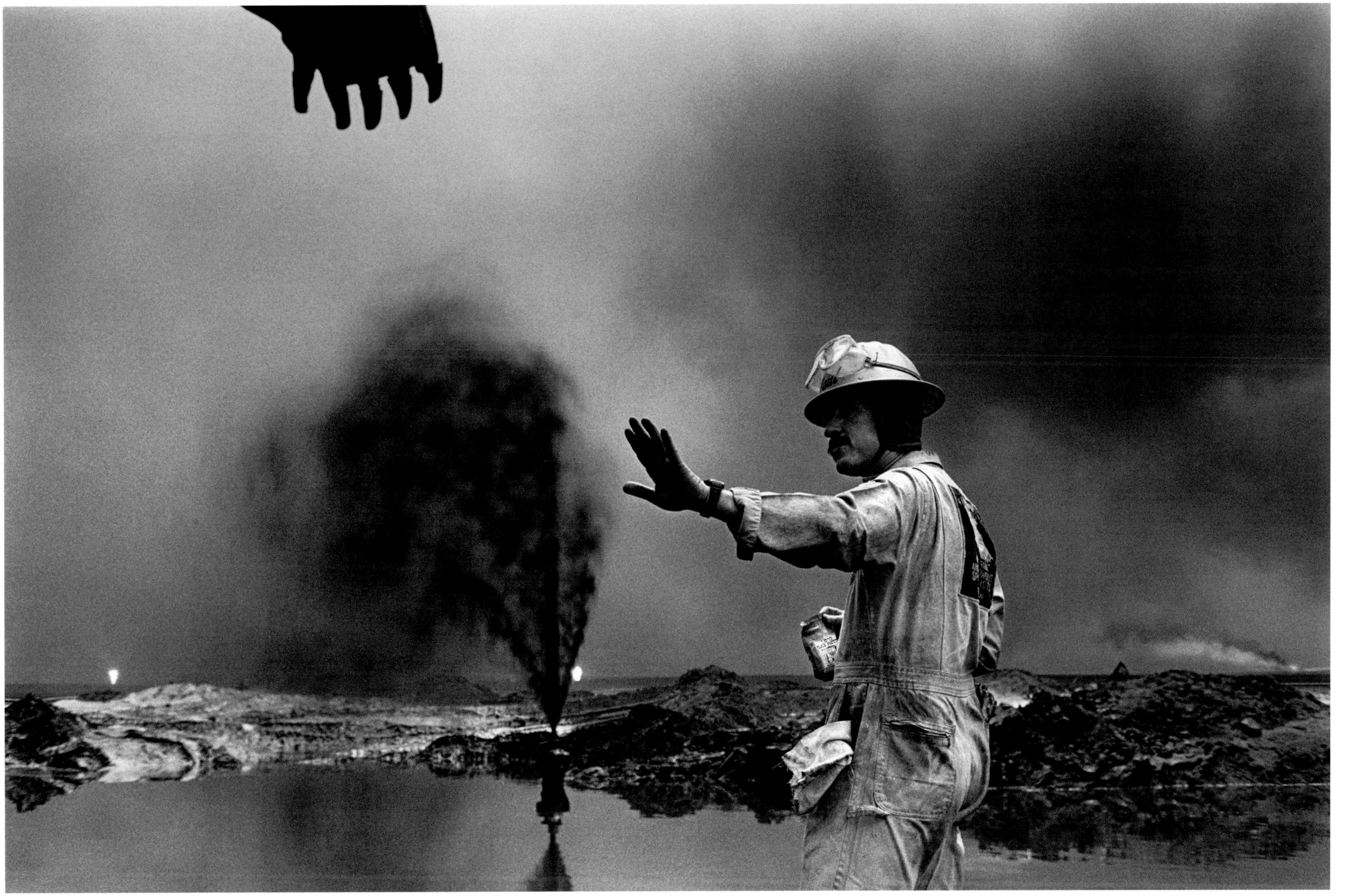

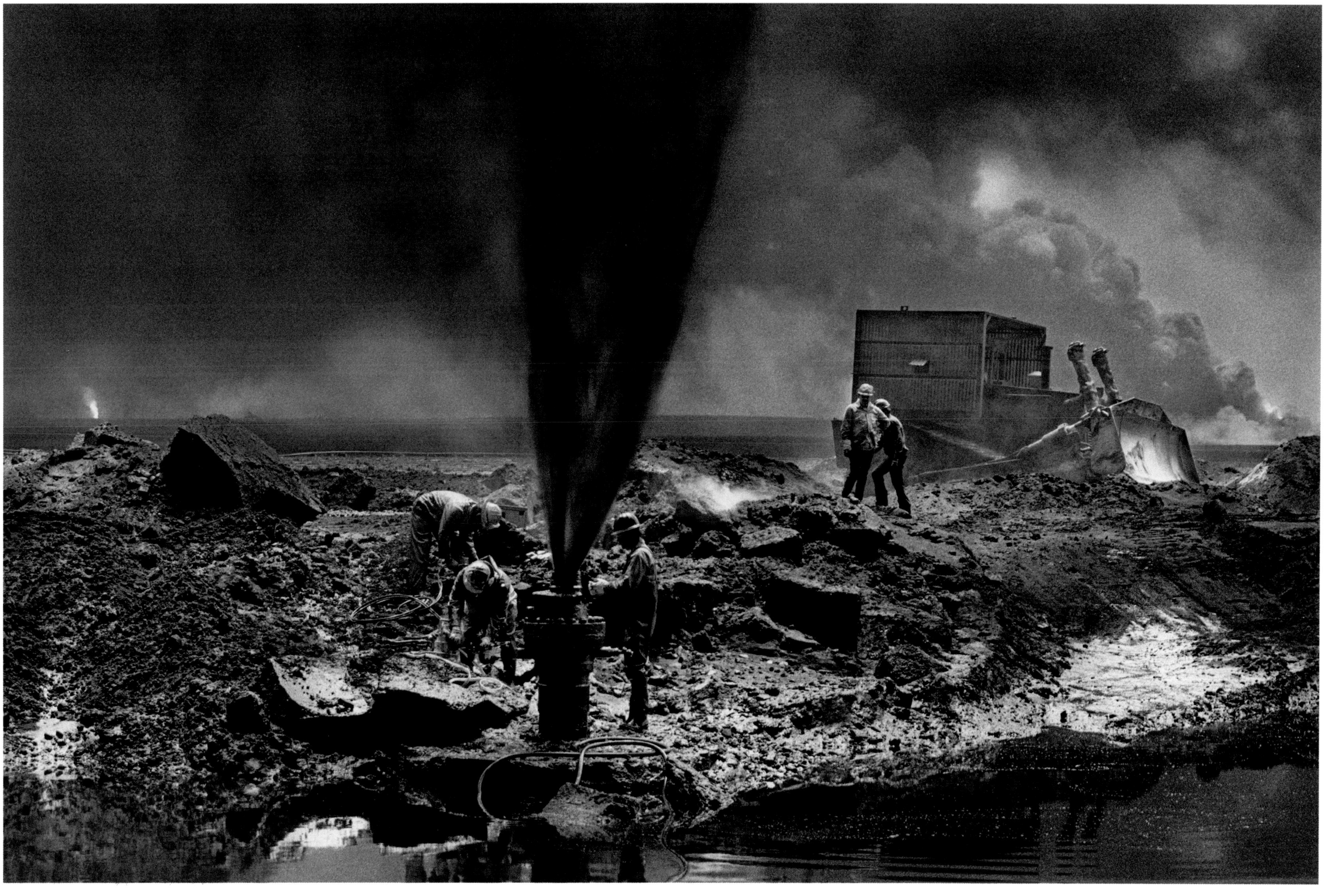

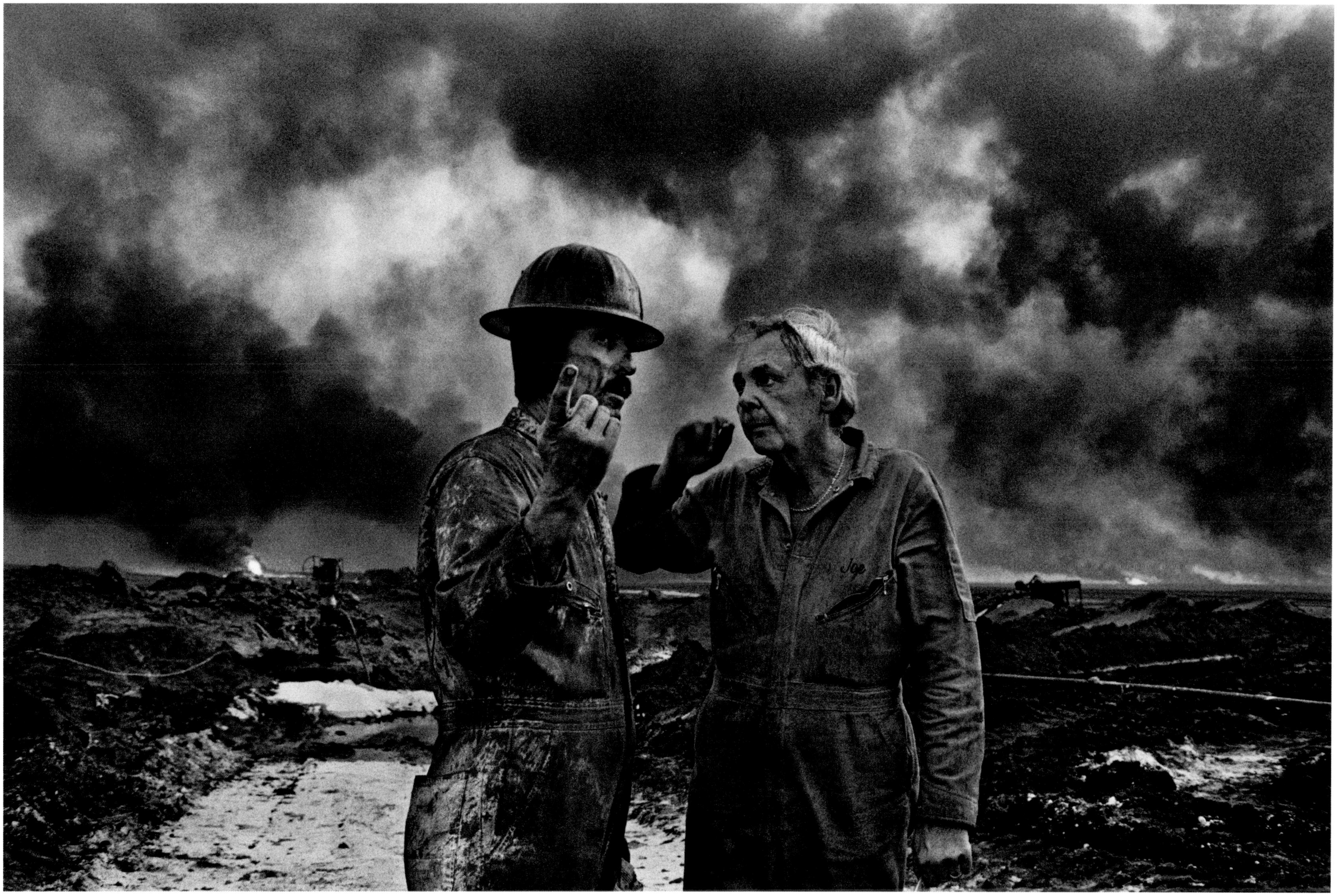
Joe

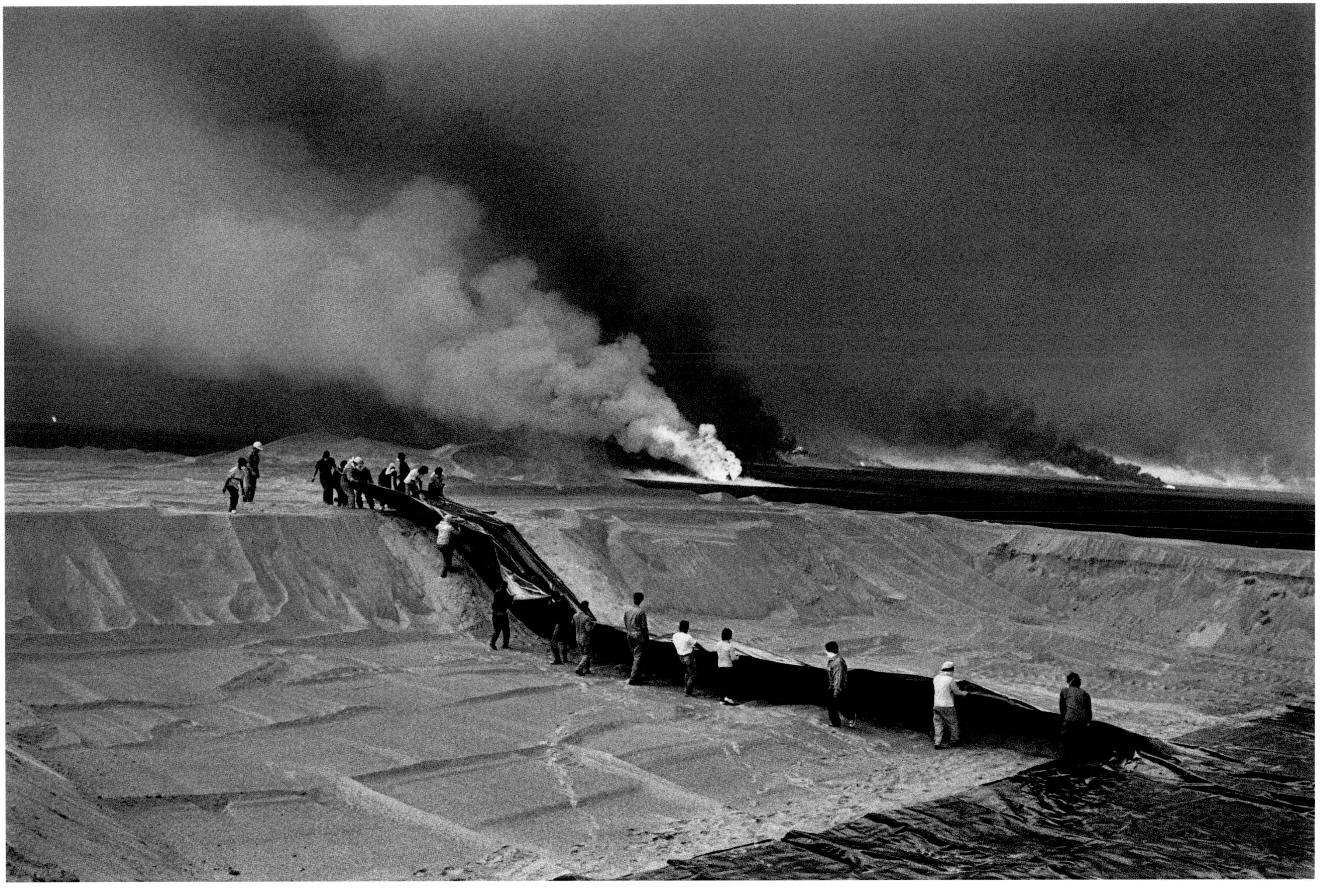

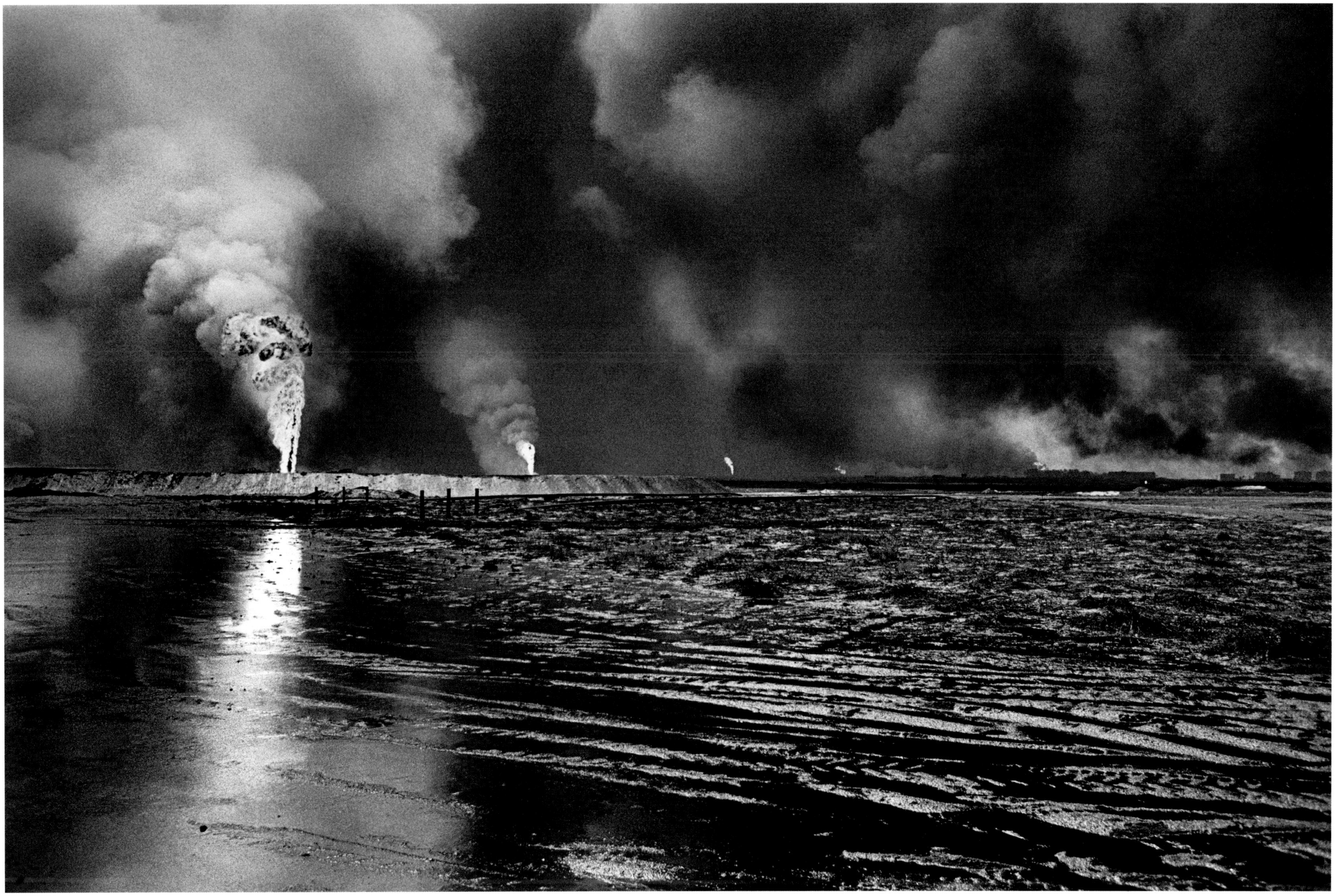

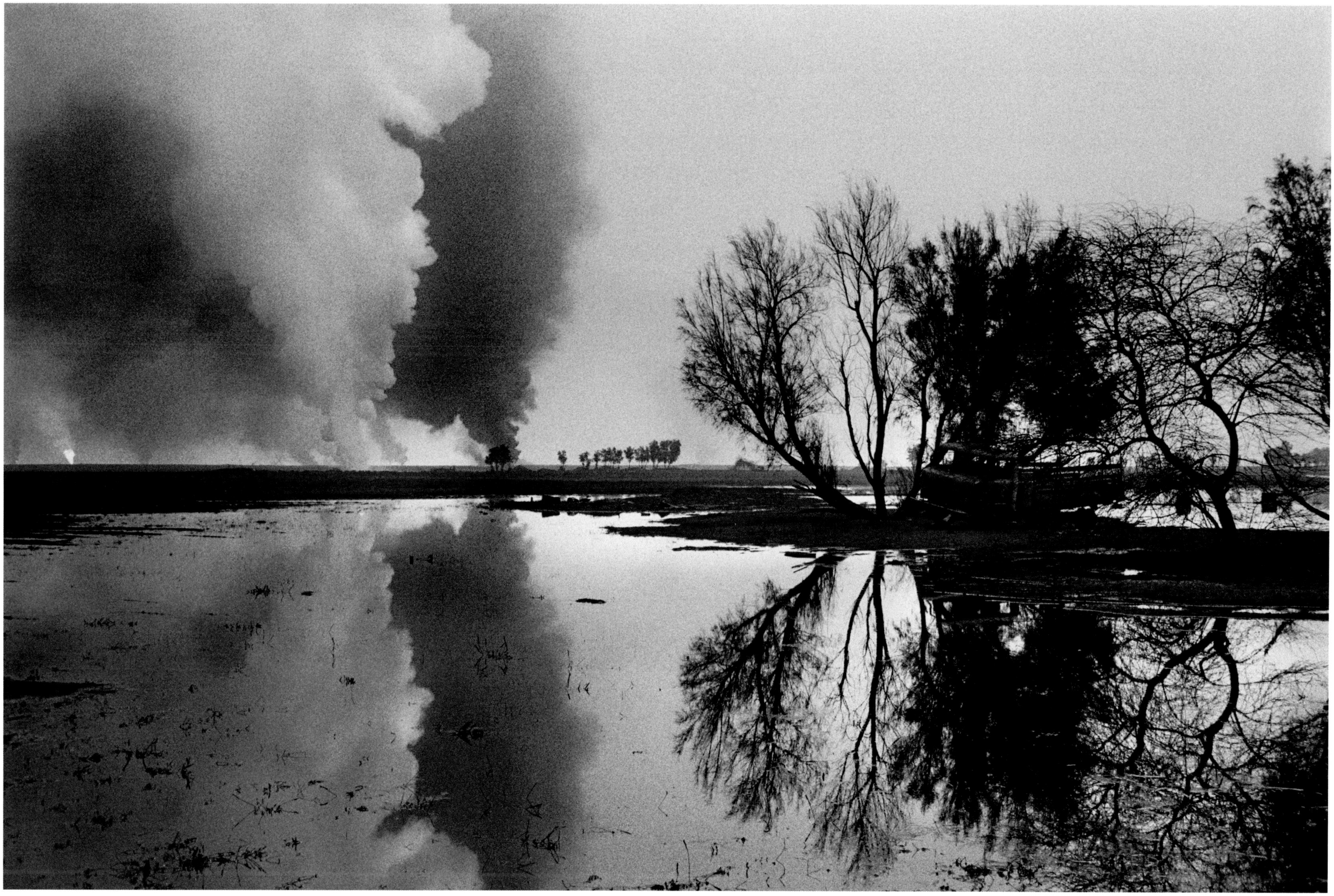

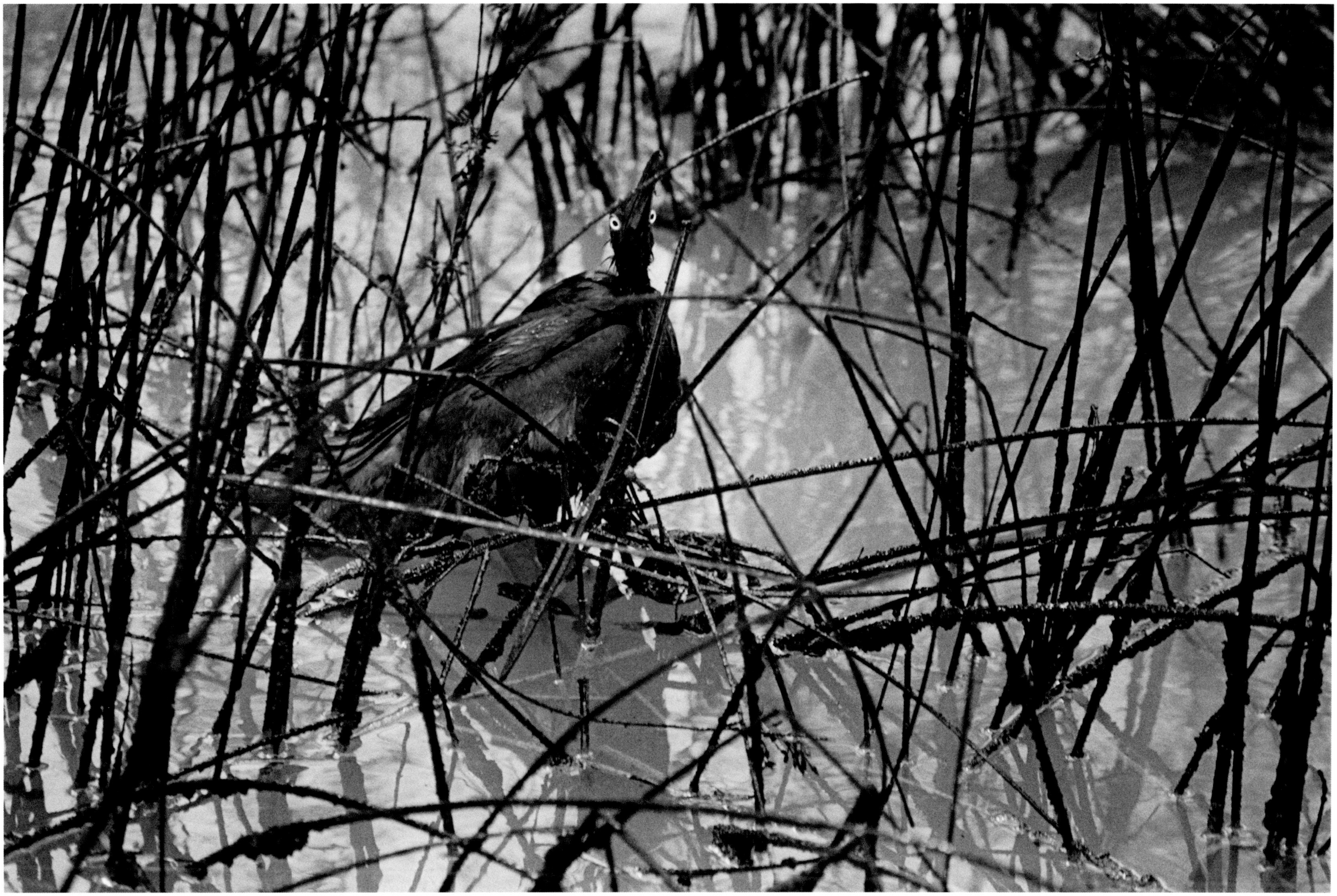

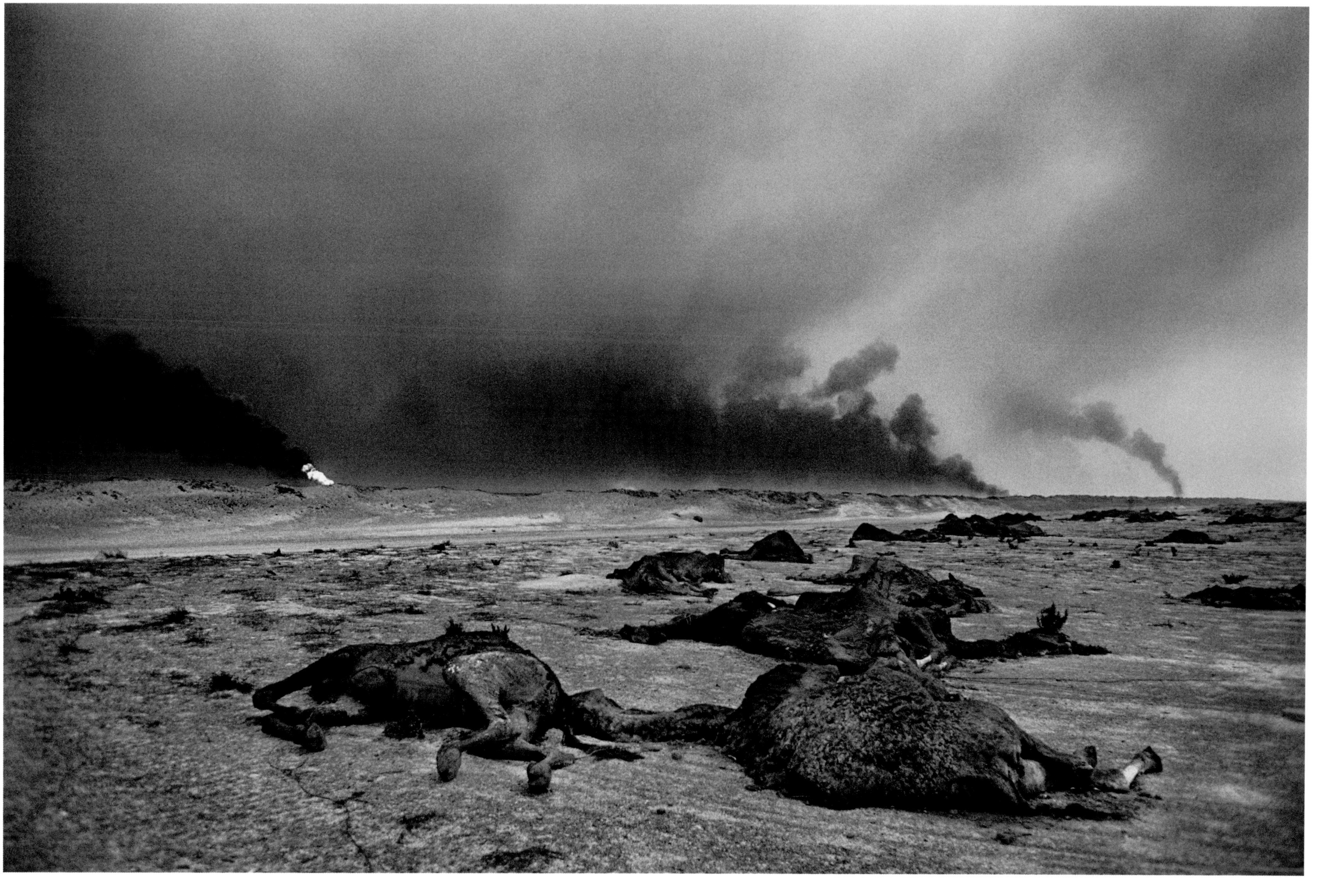

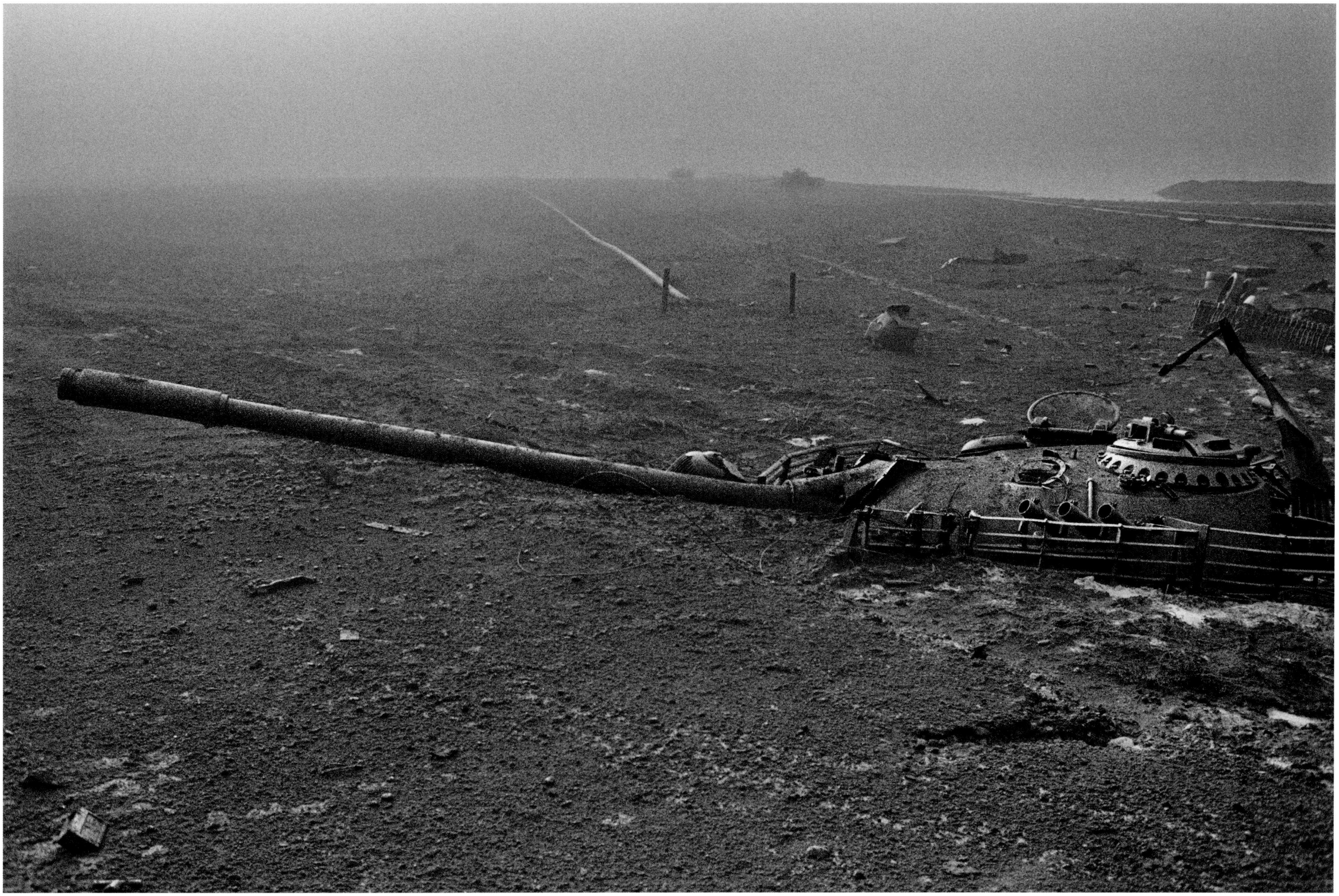

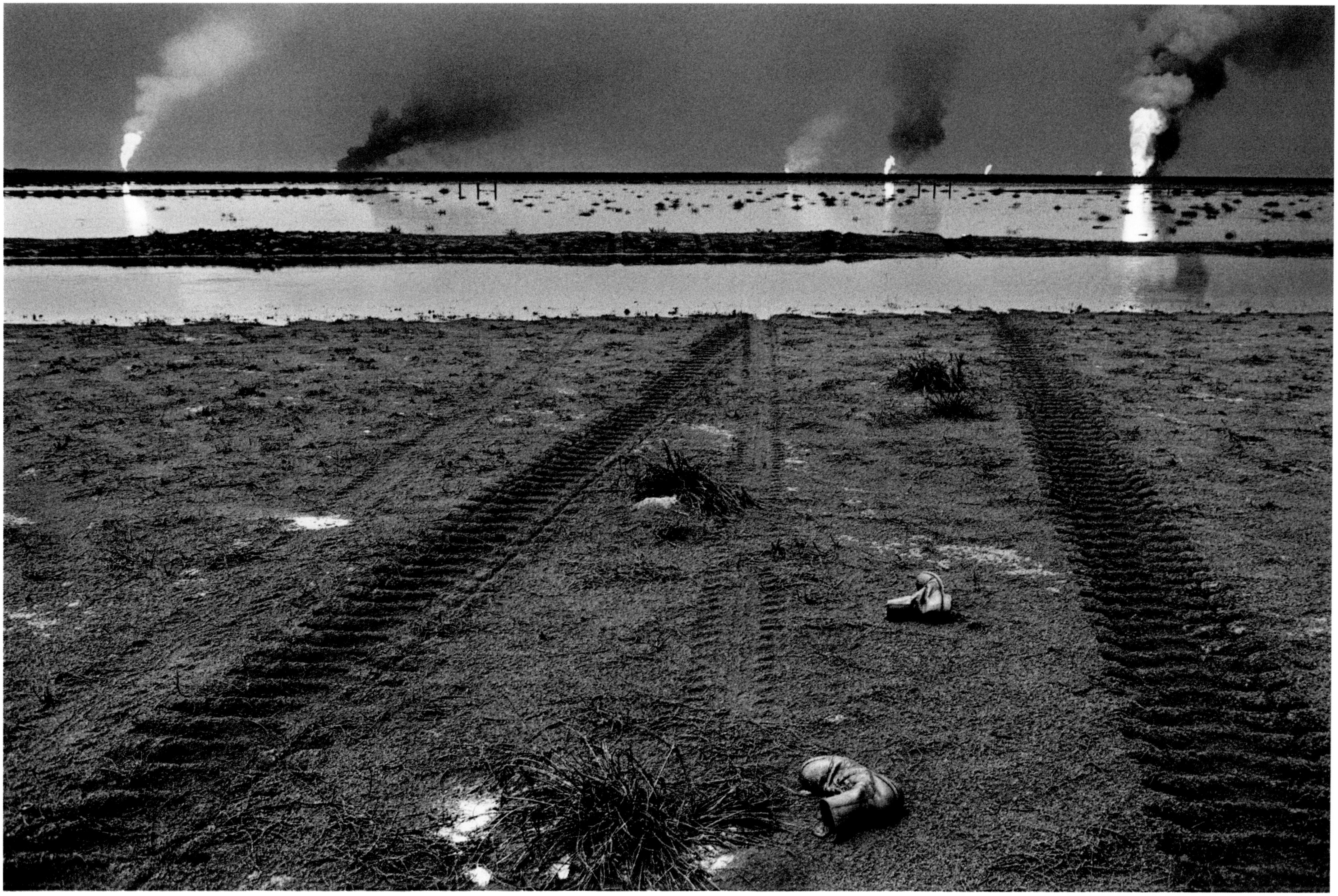

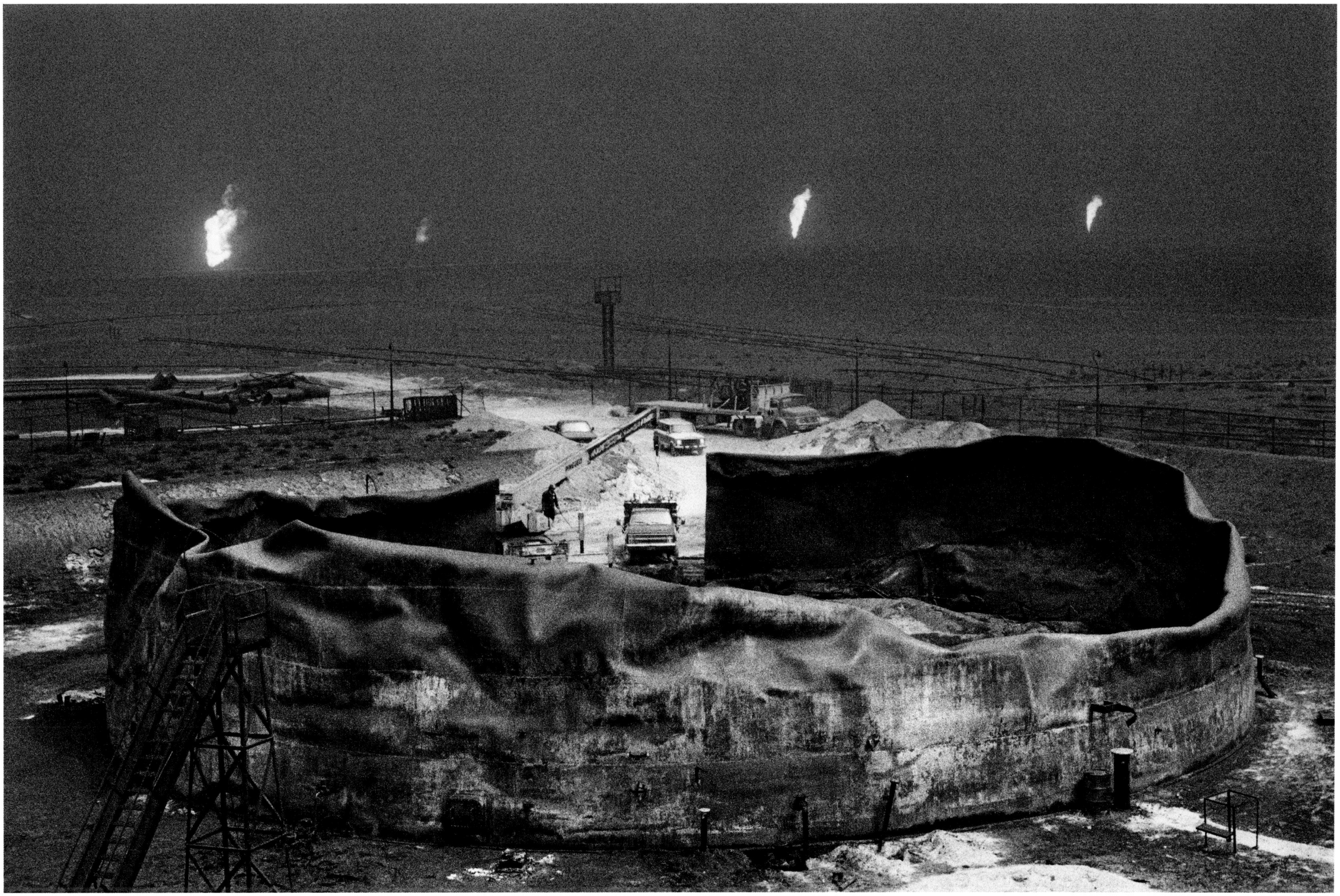

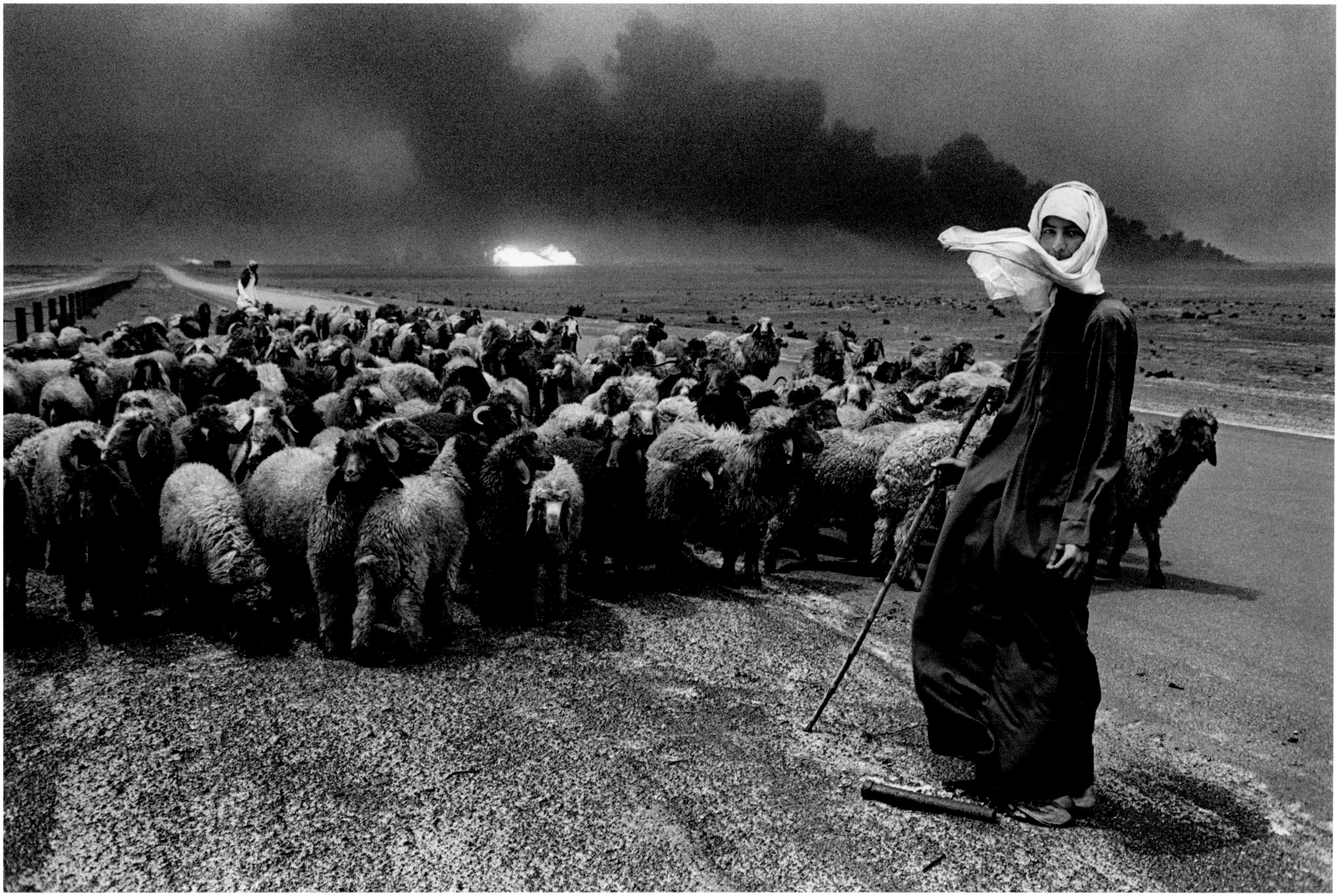

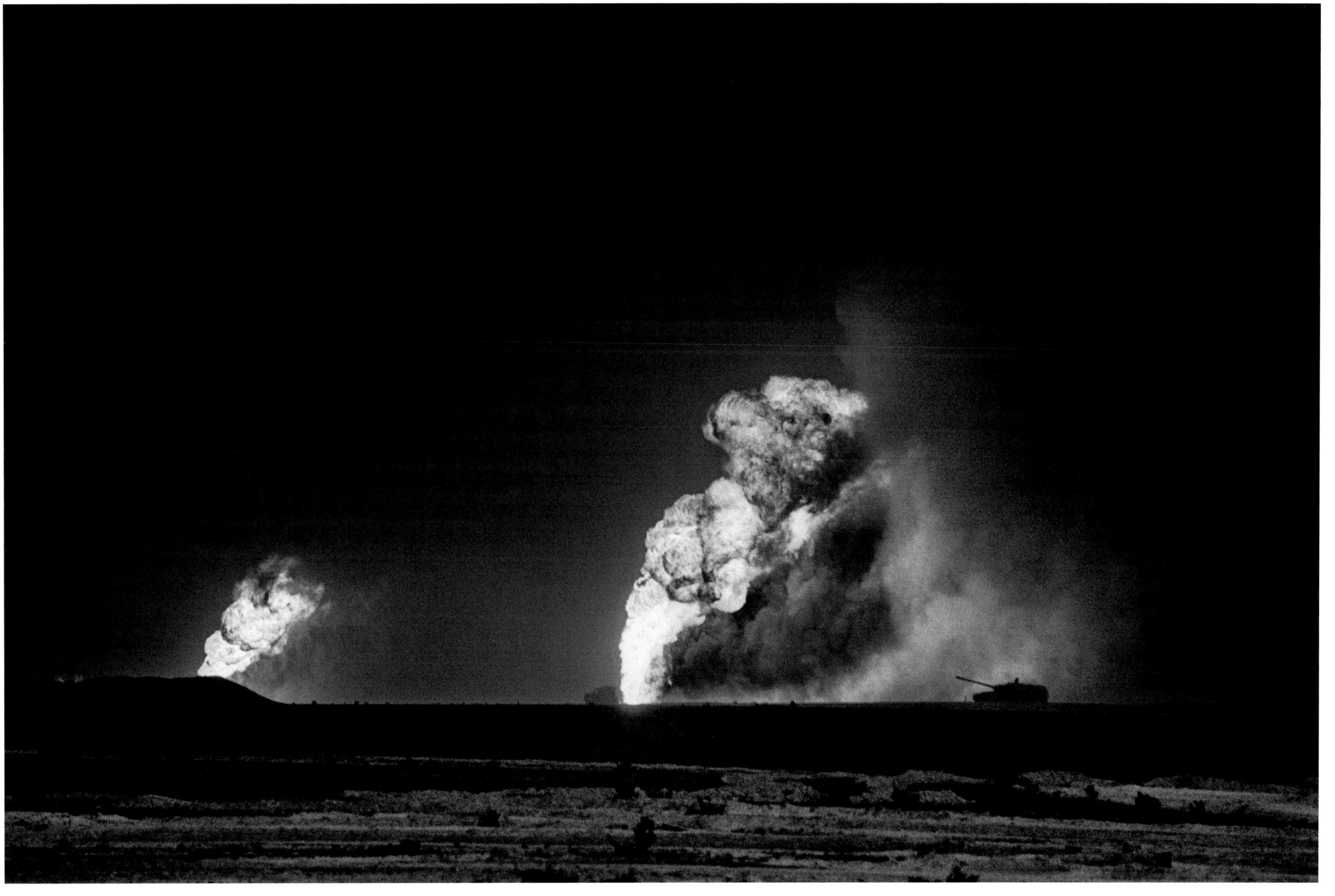

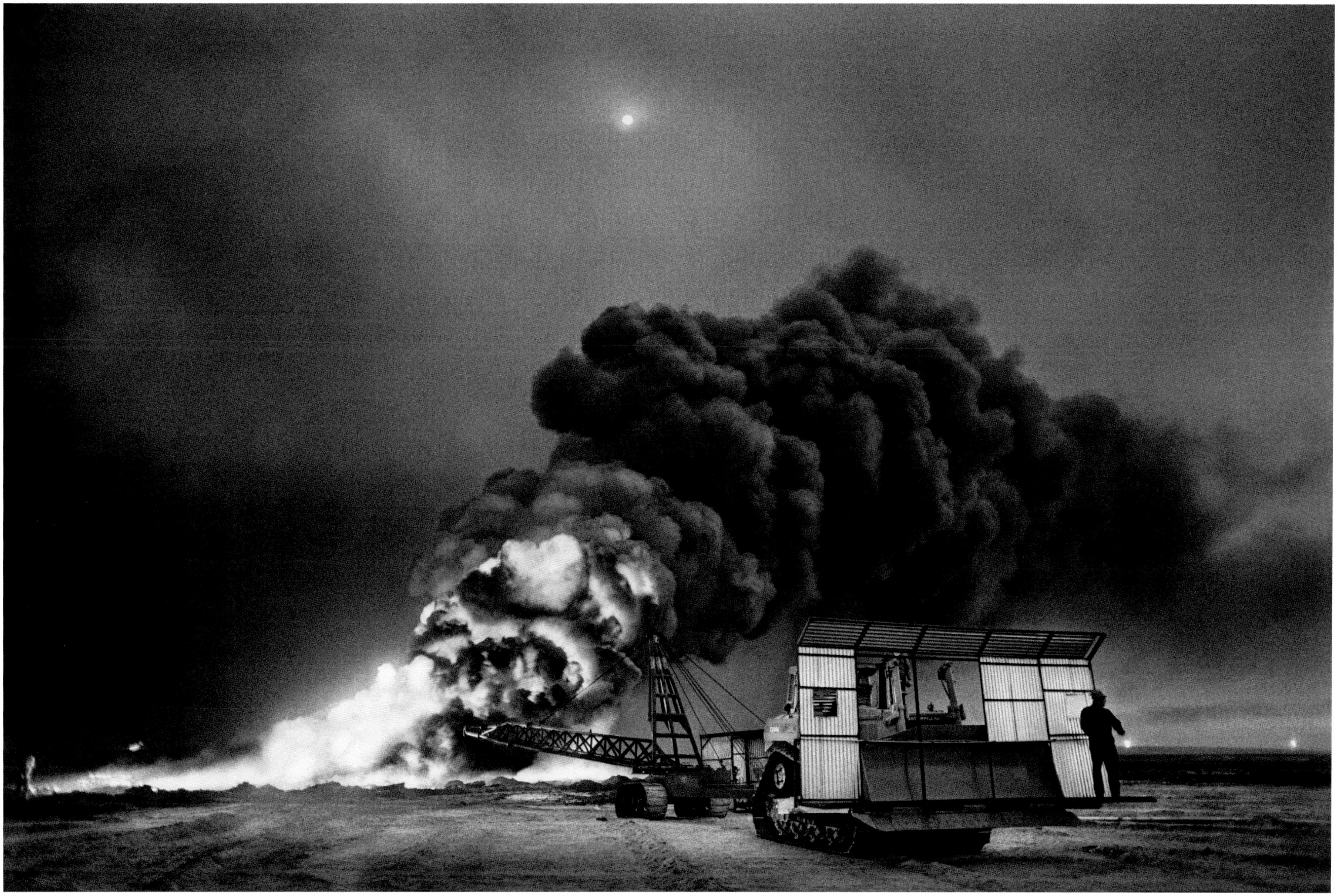

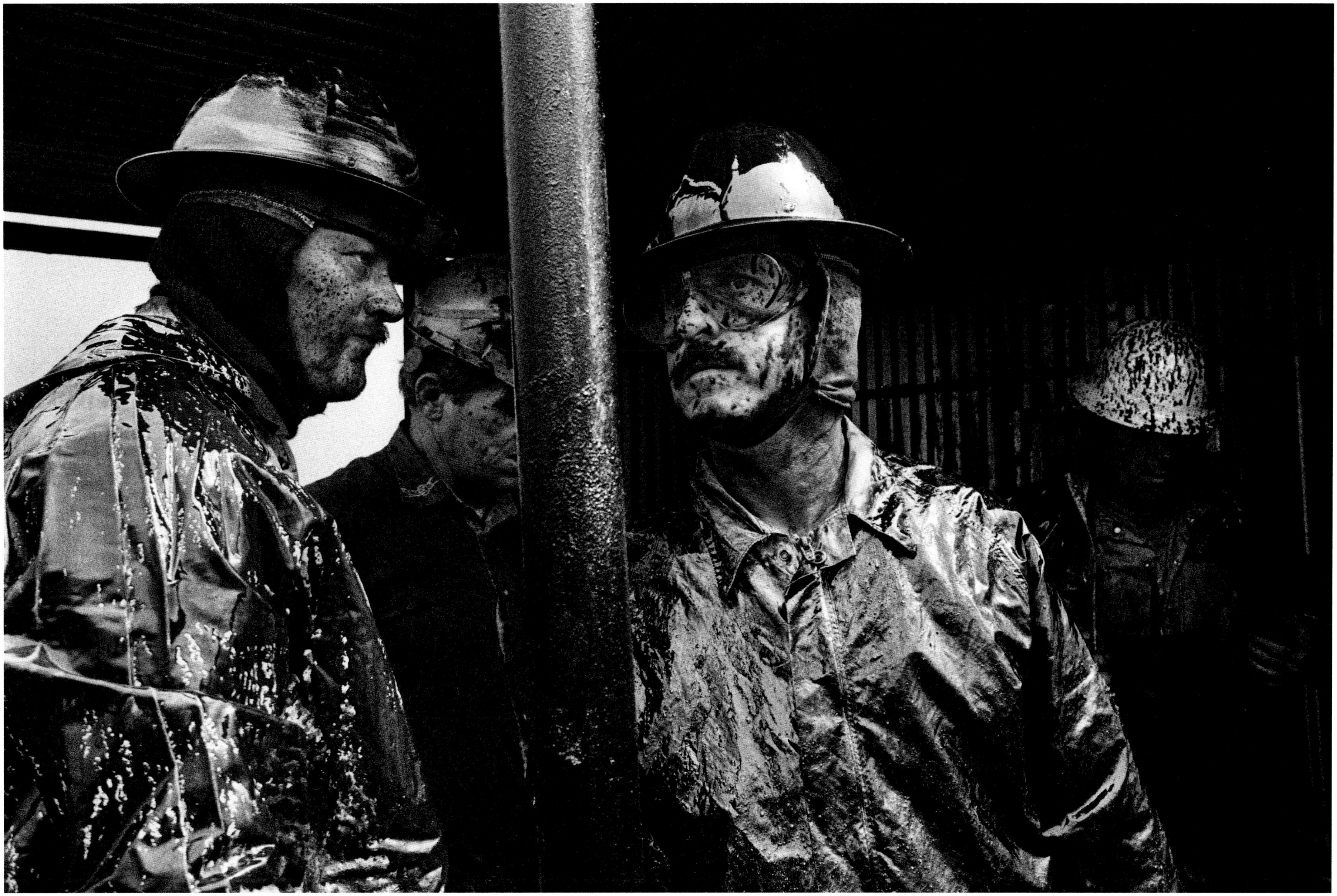

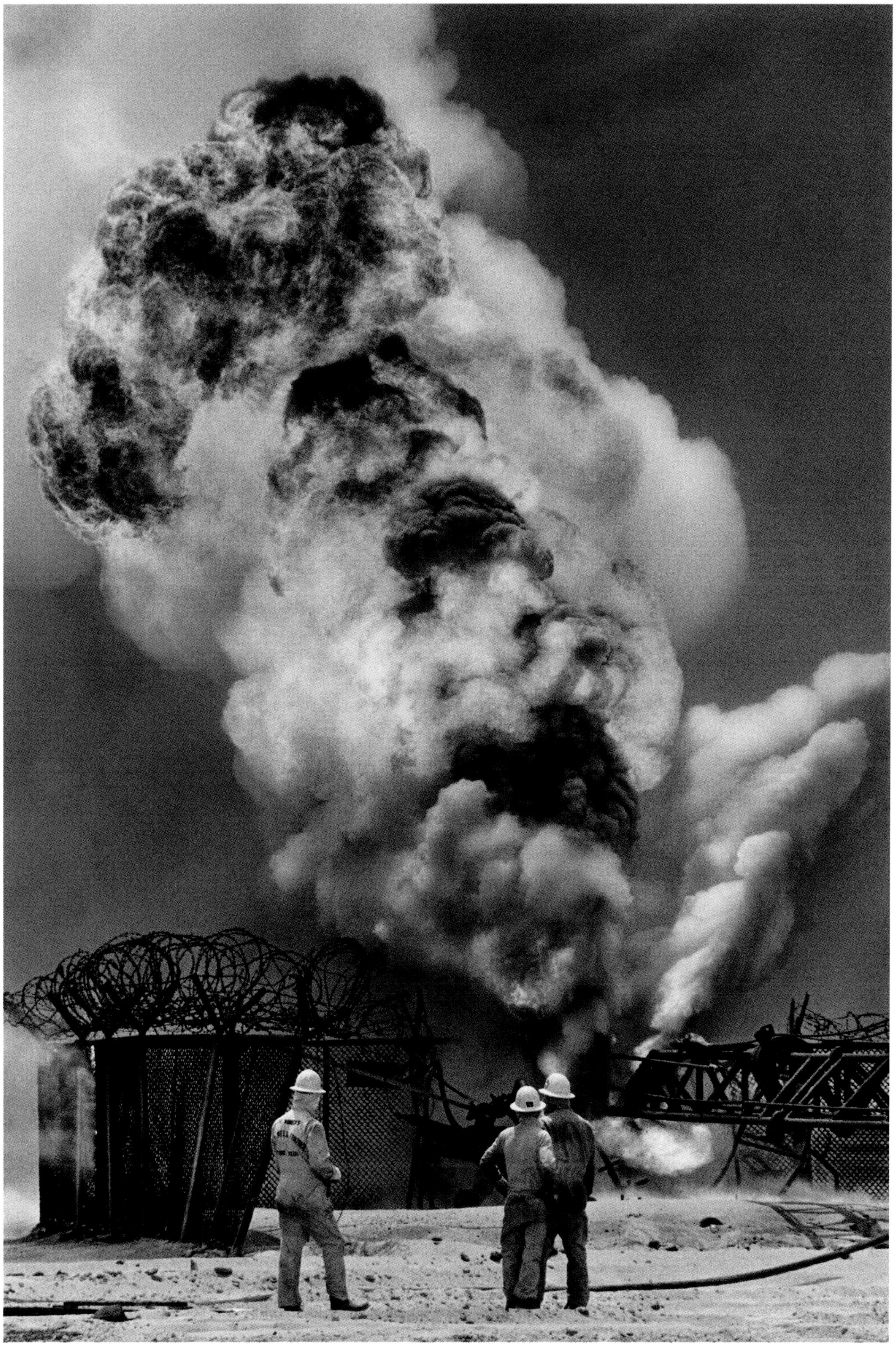

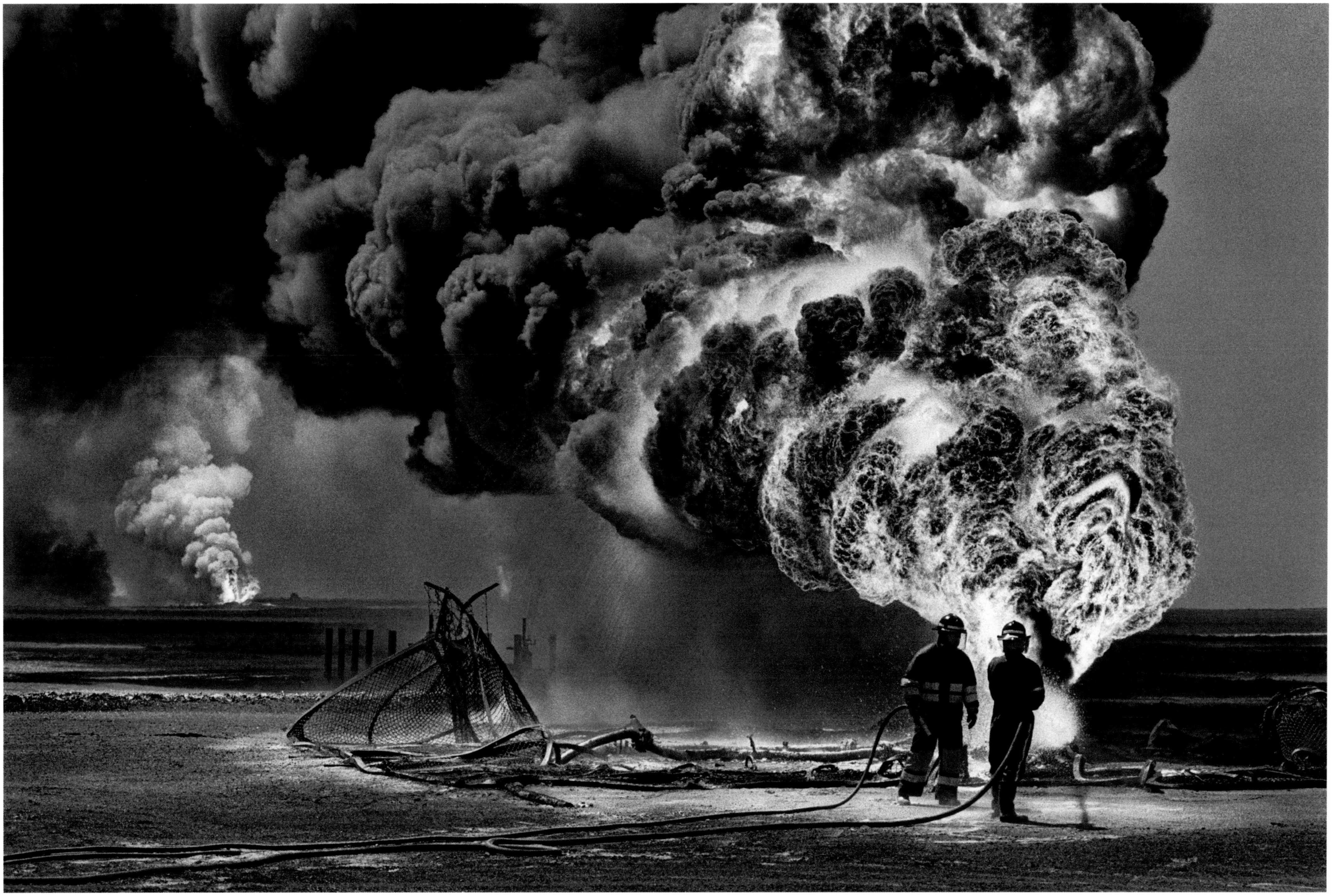

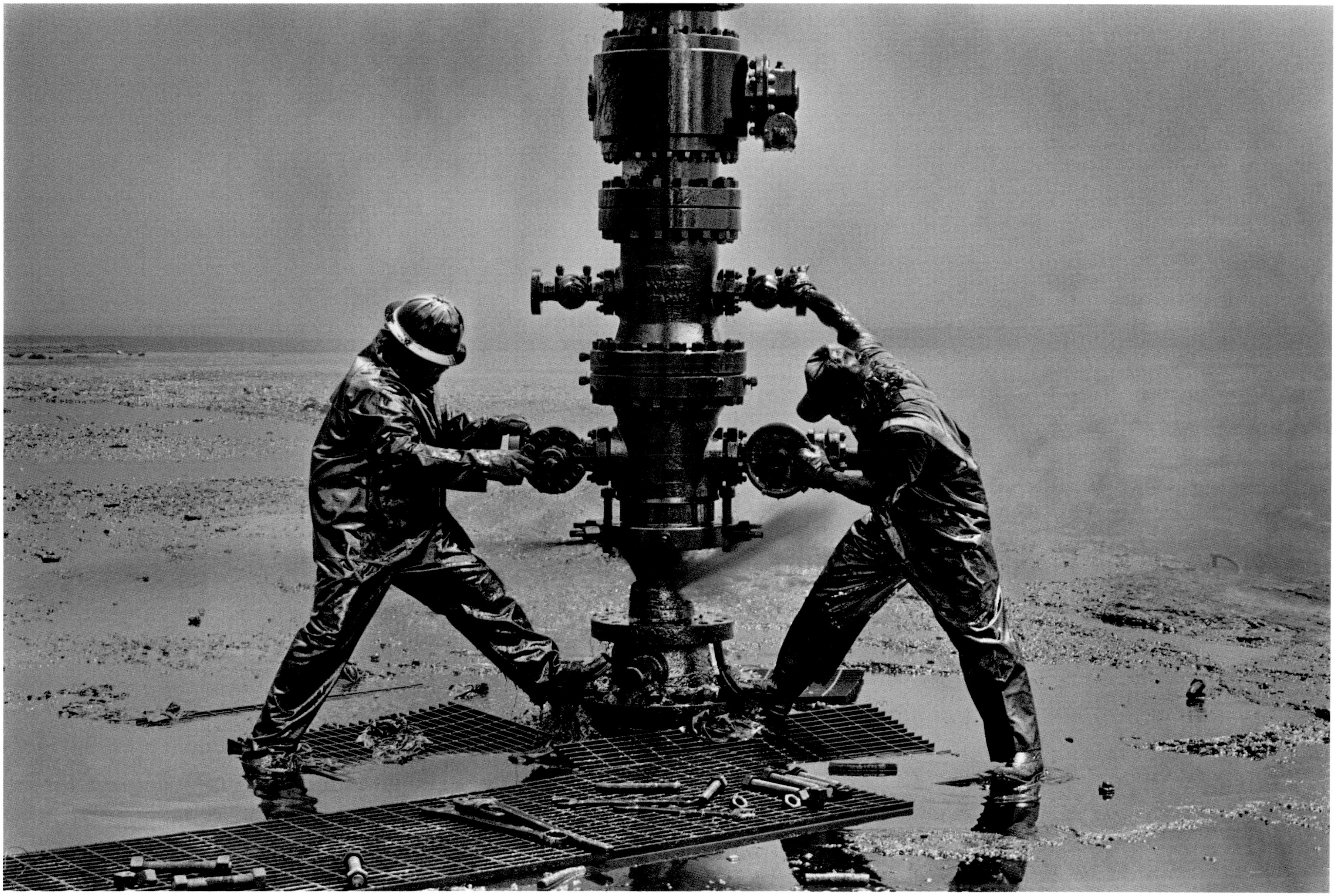

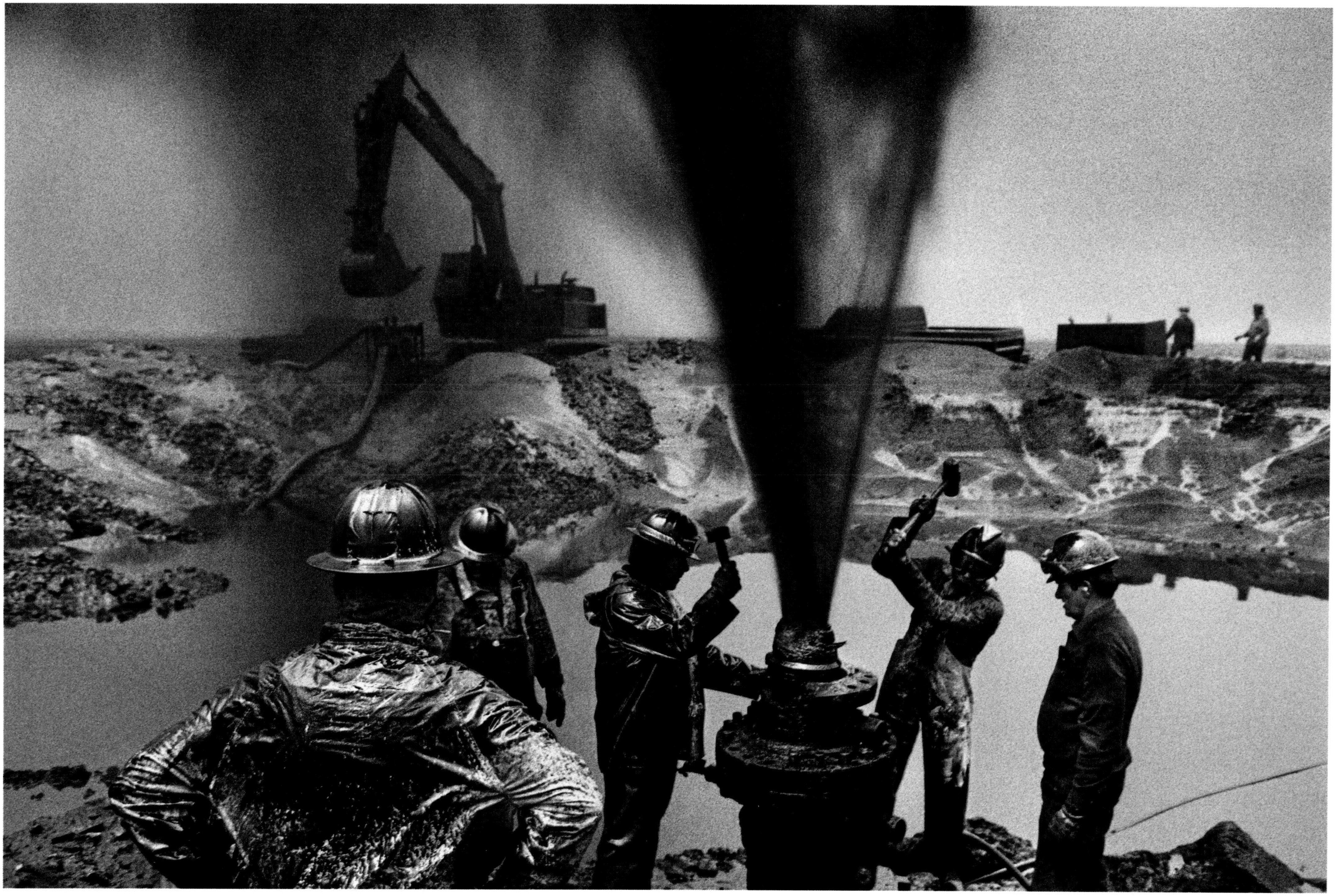

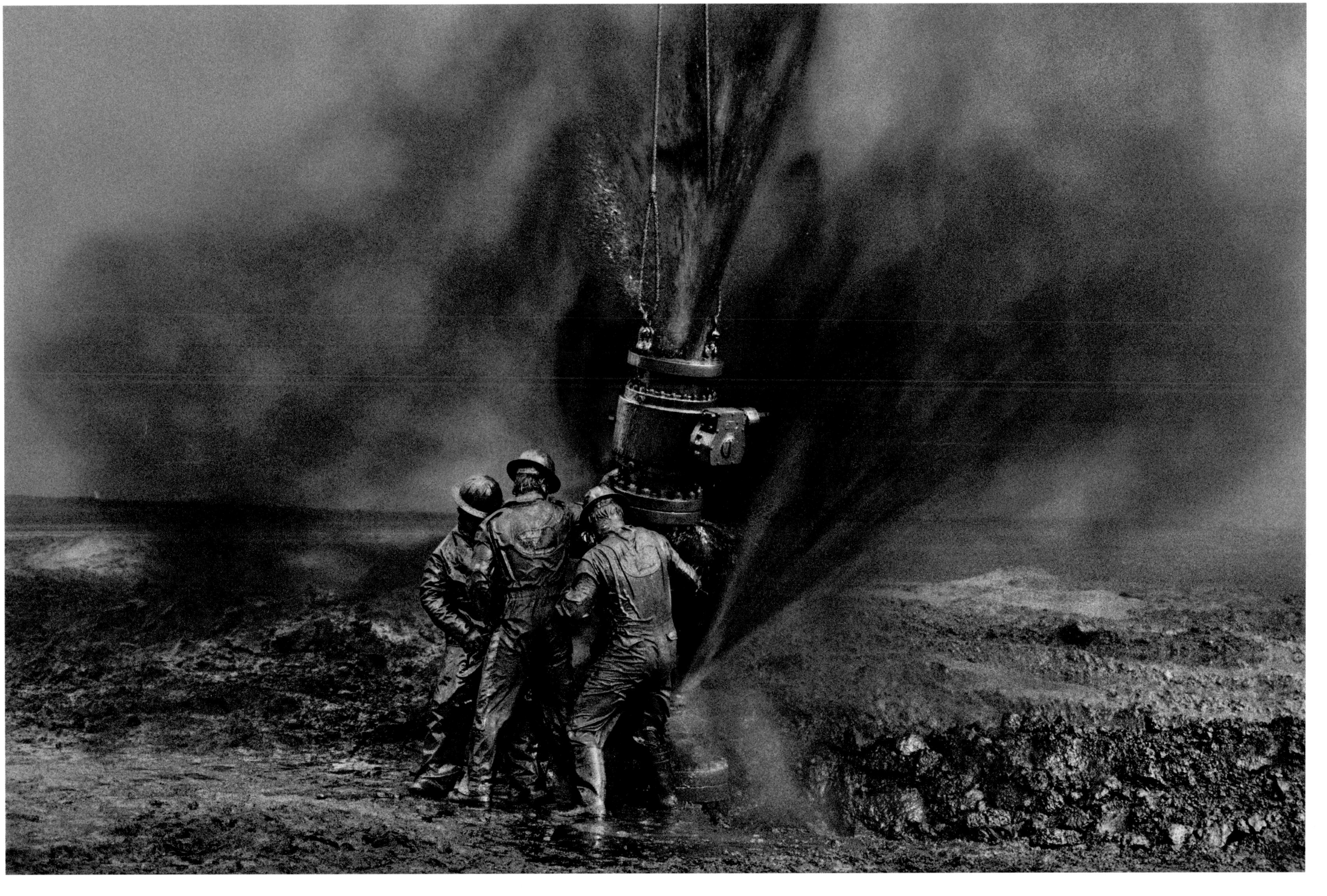

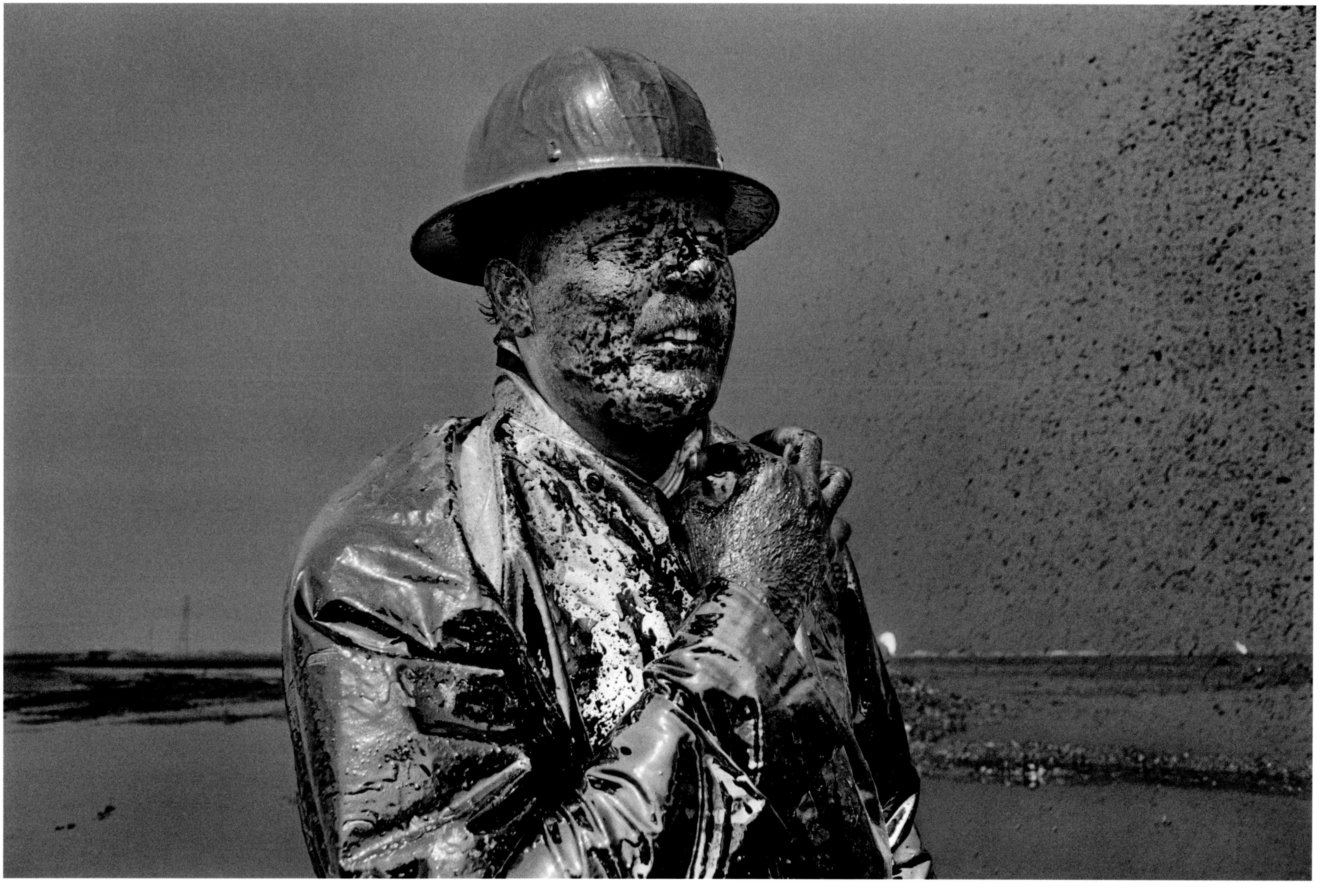

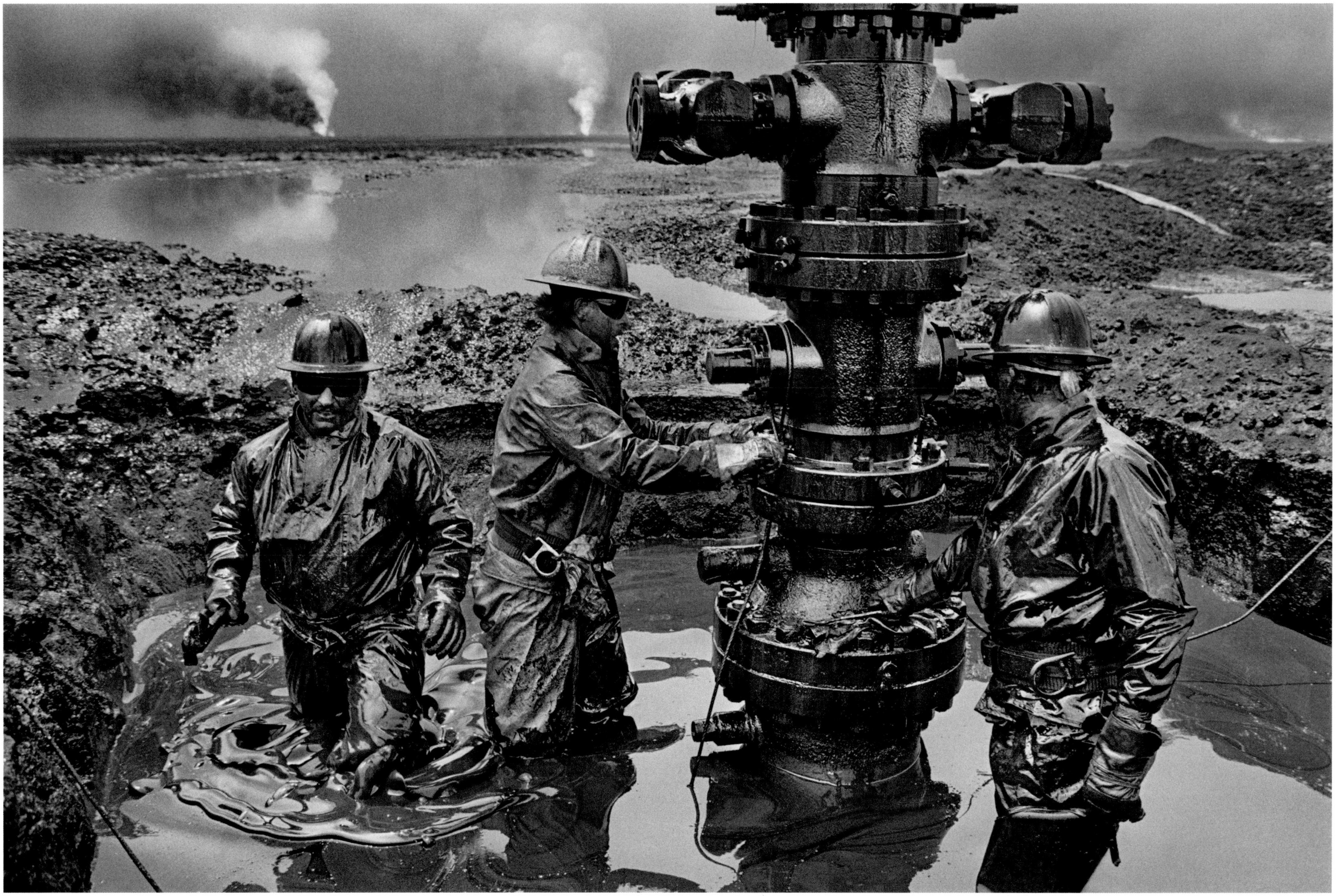

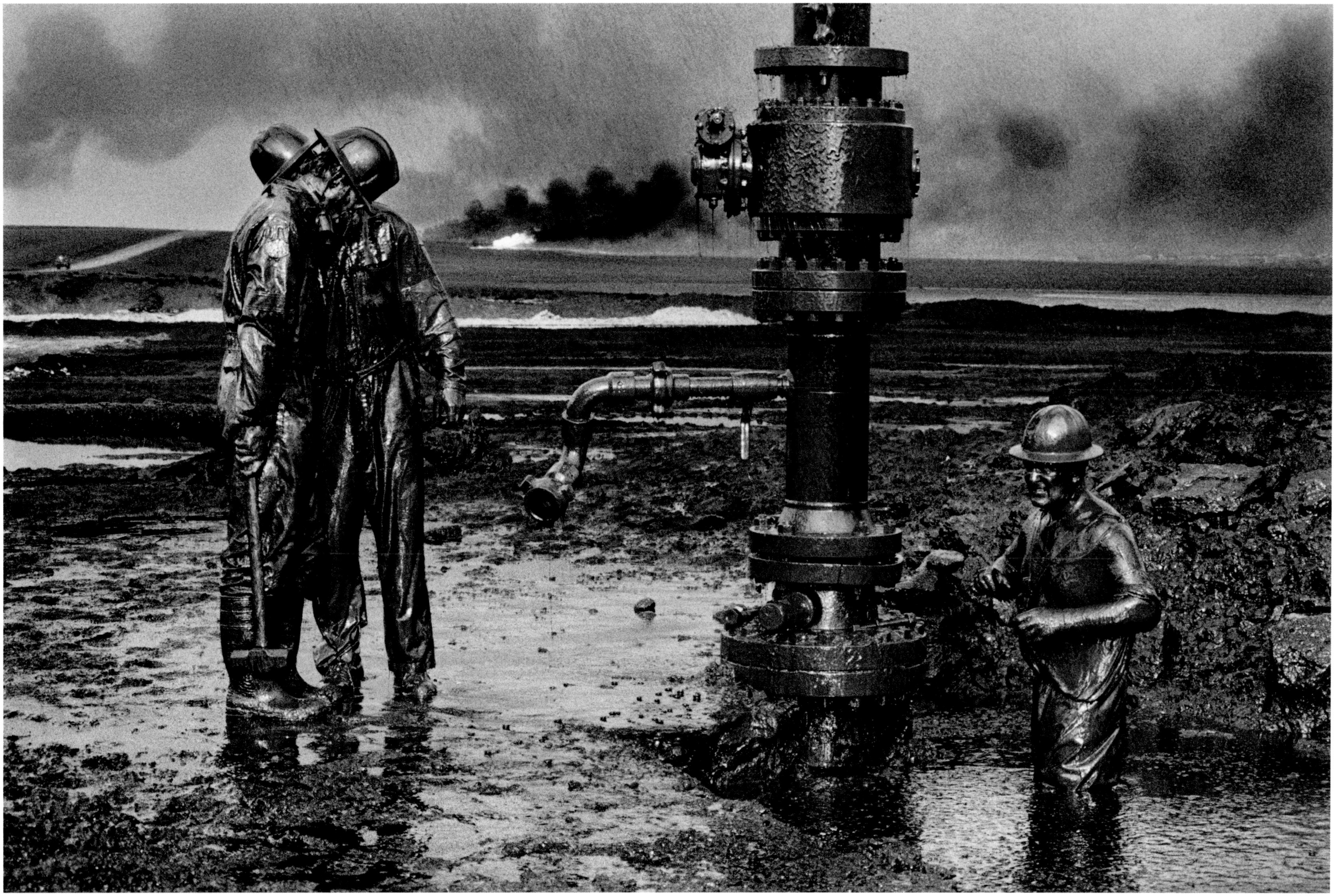

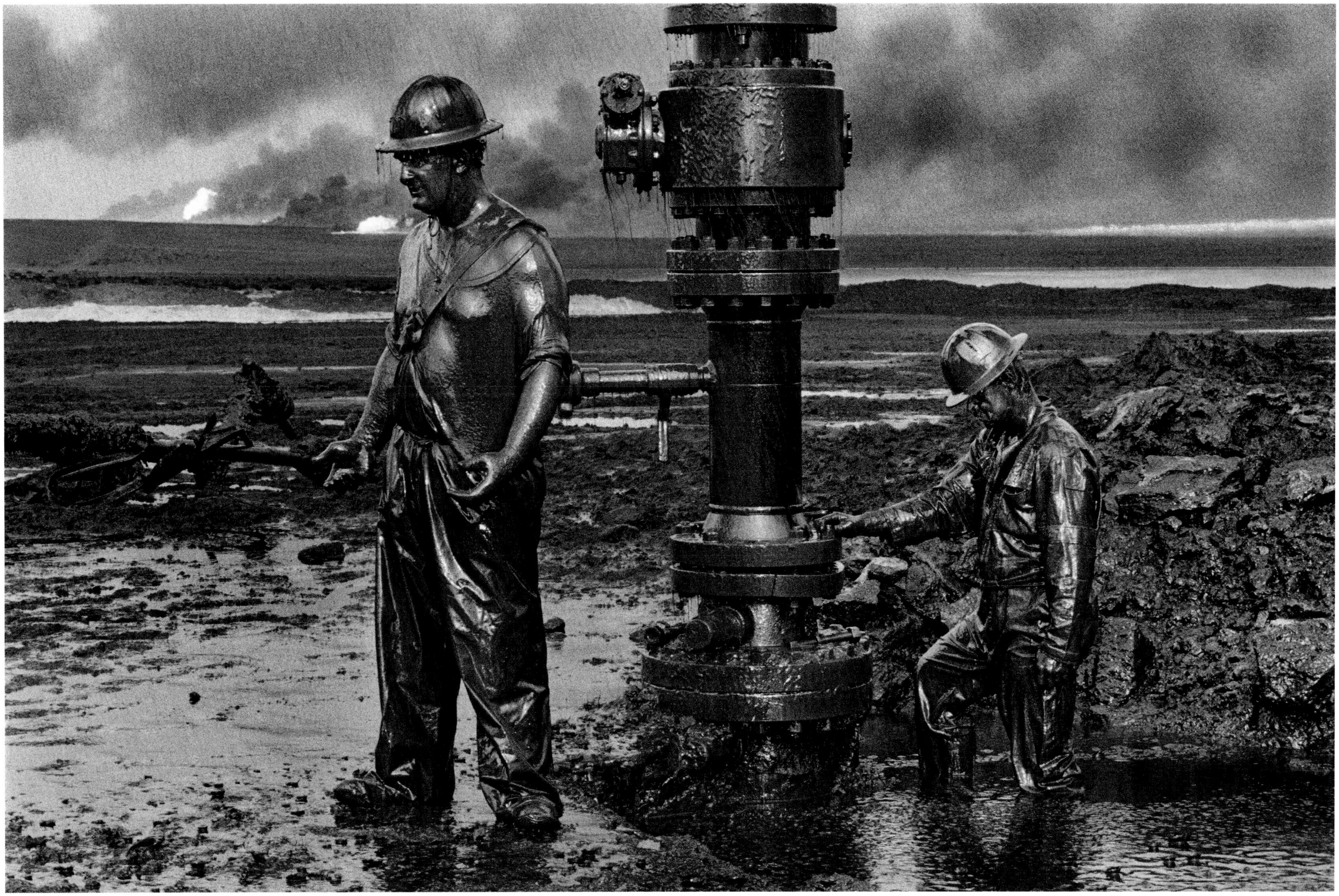

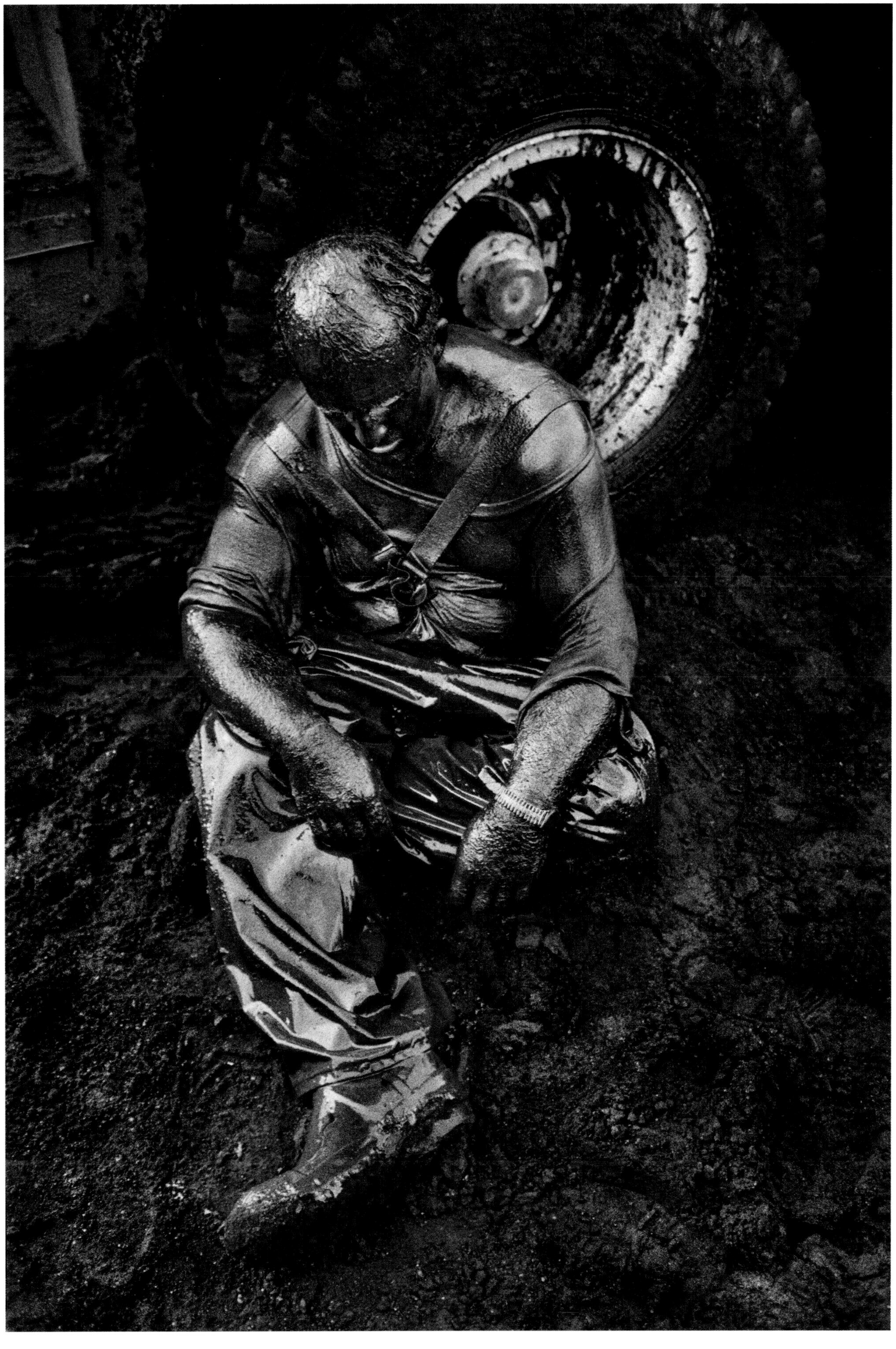

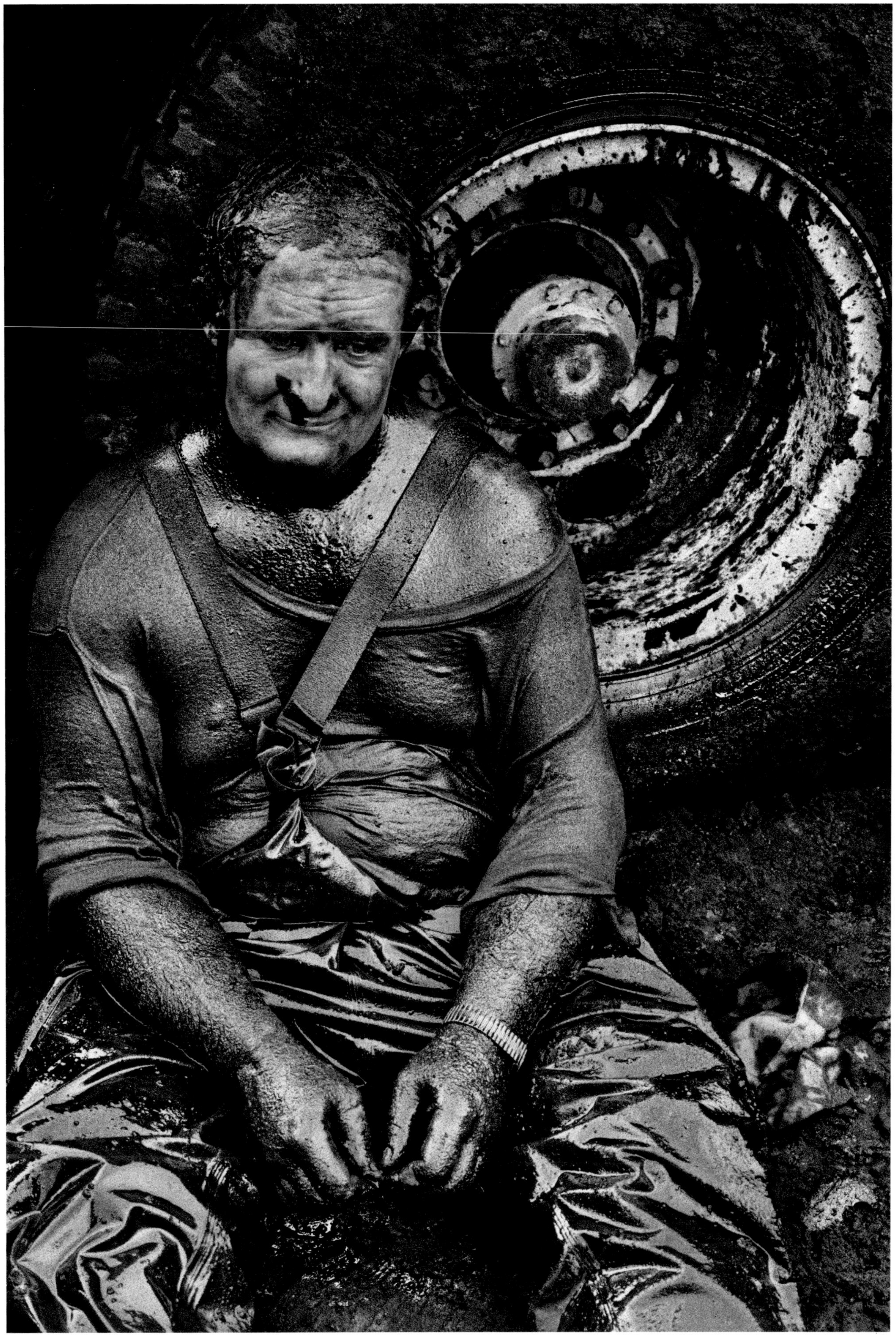

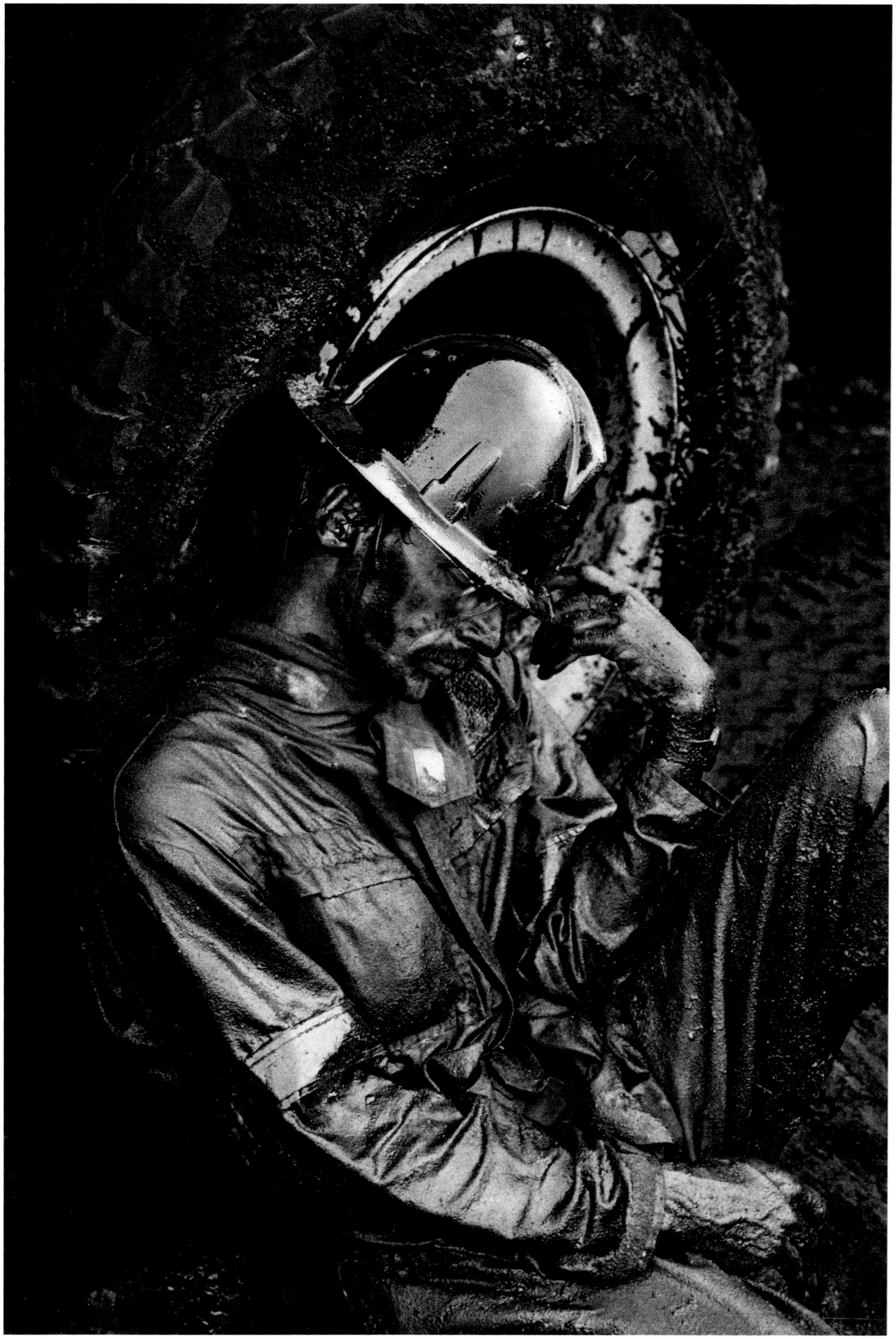

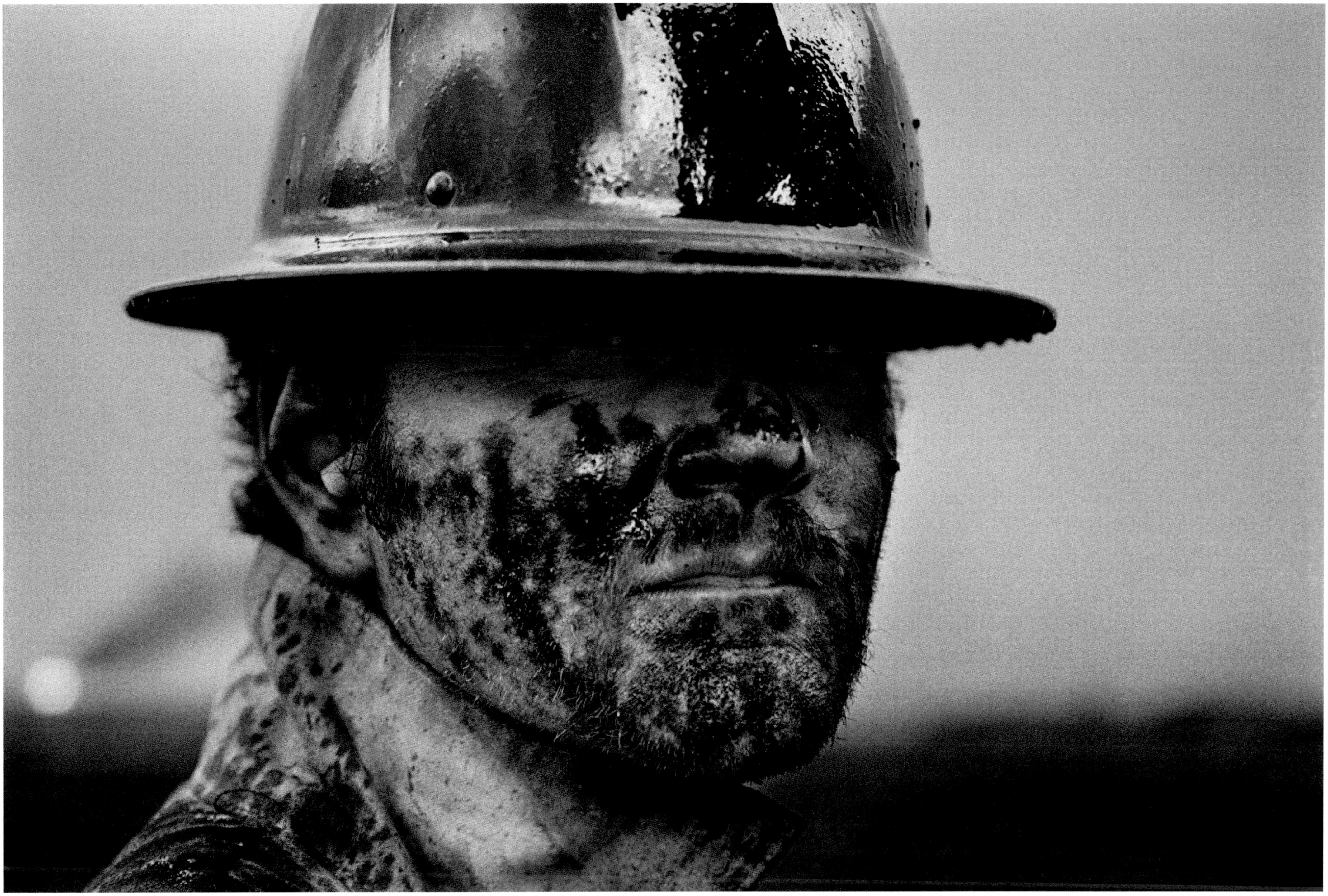

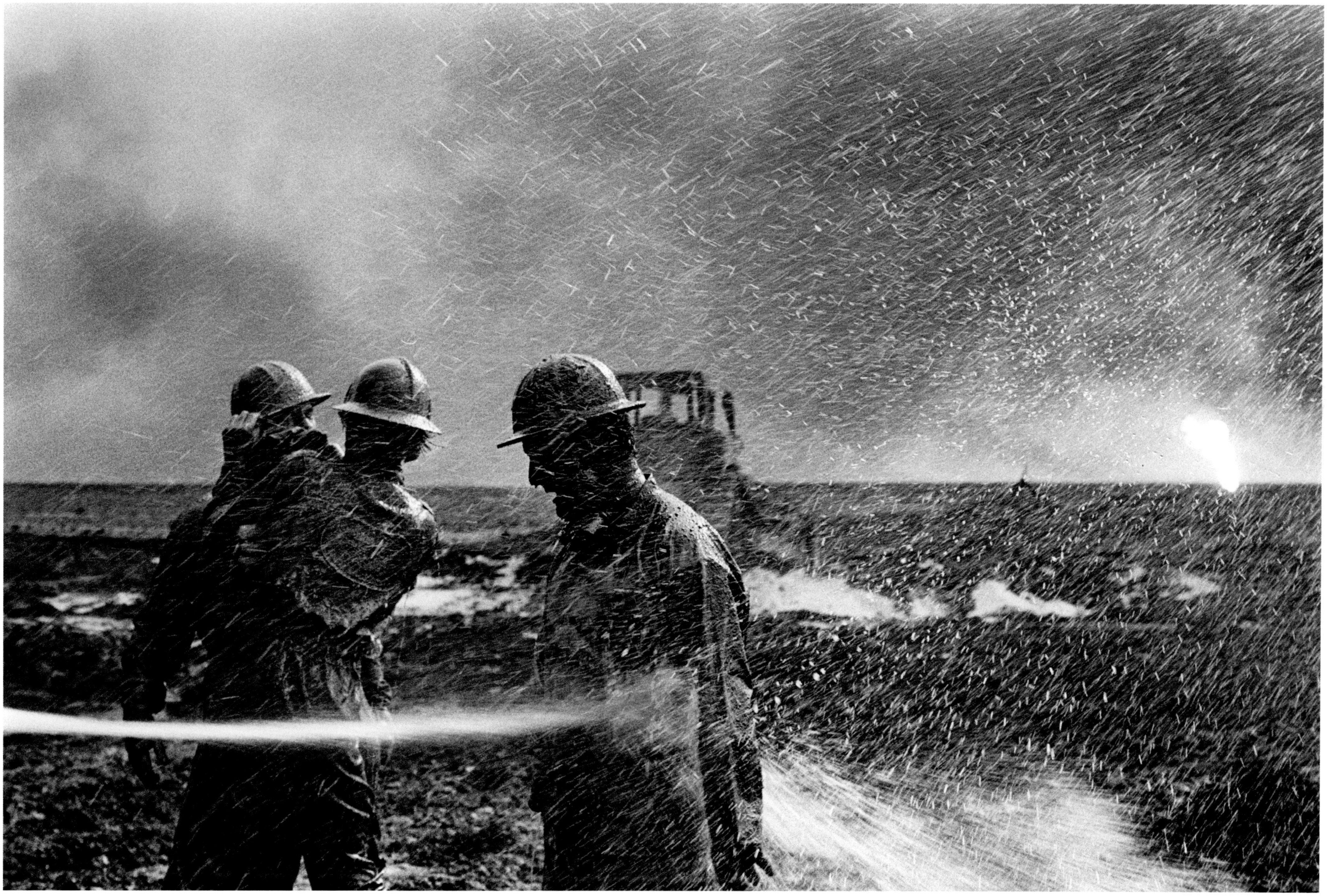

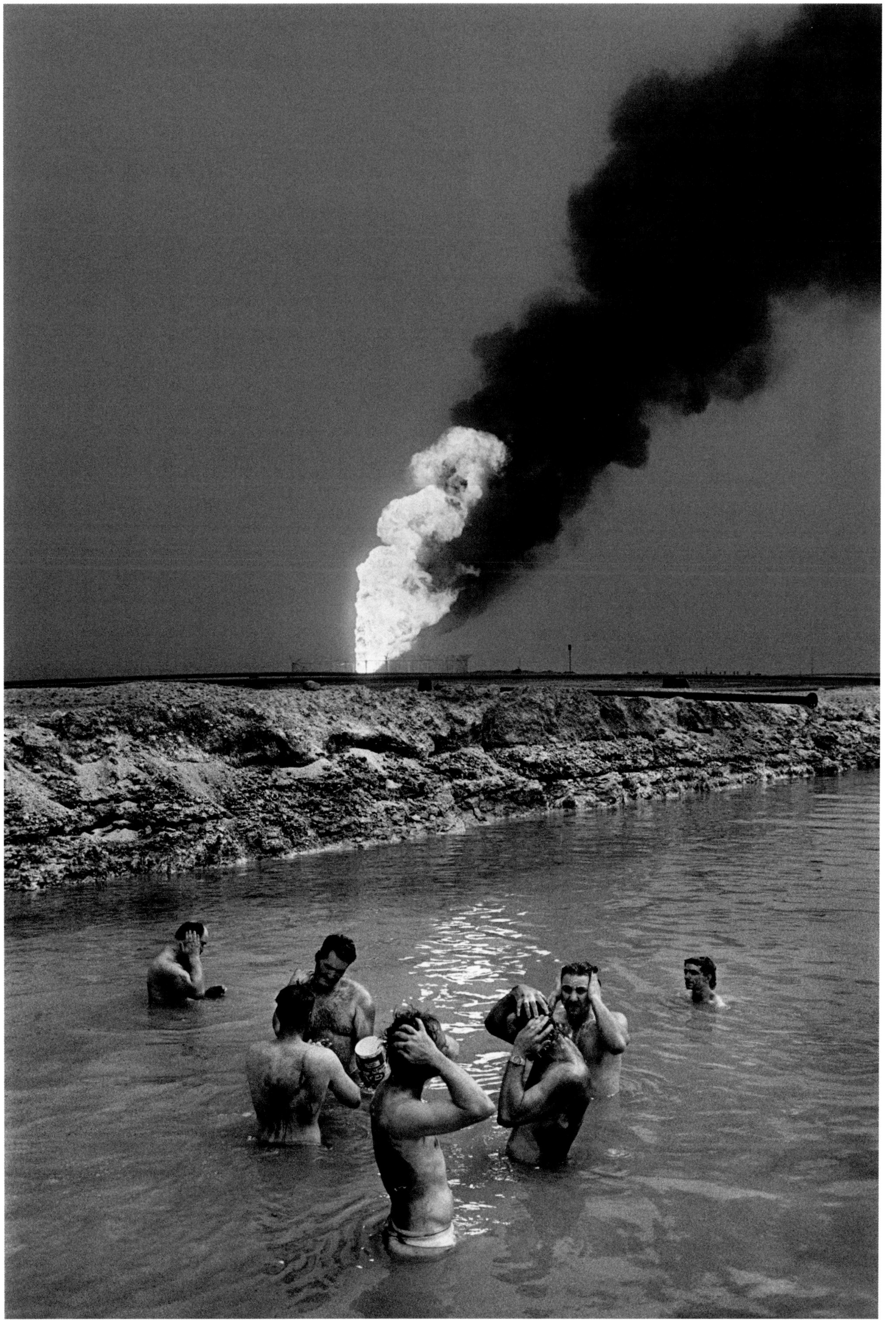

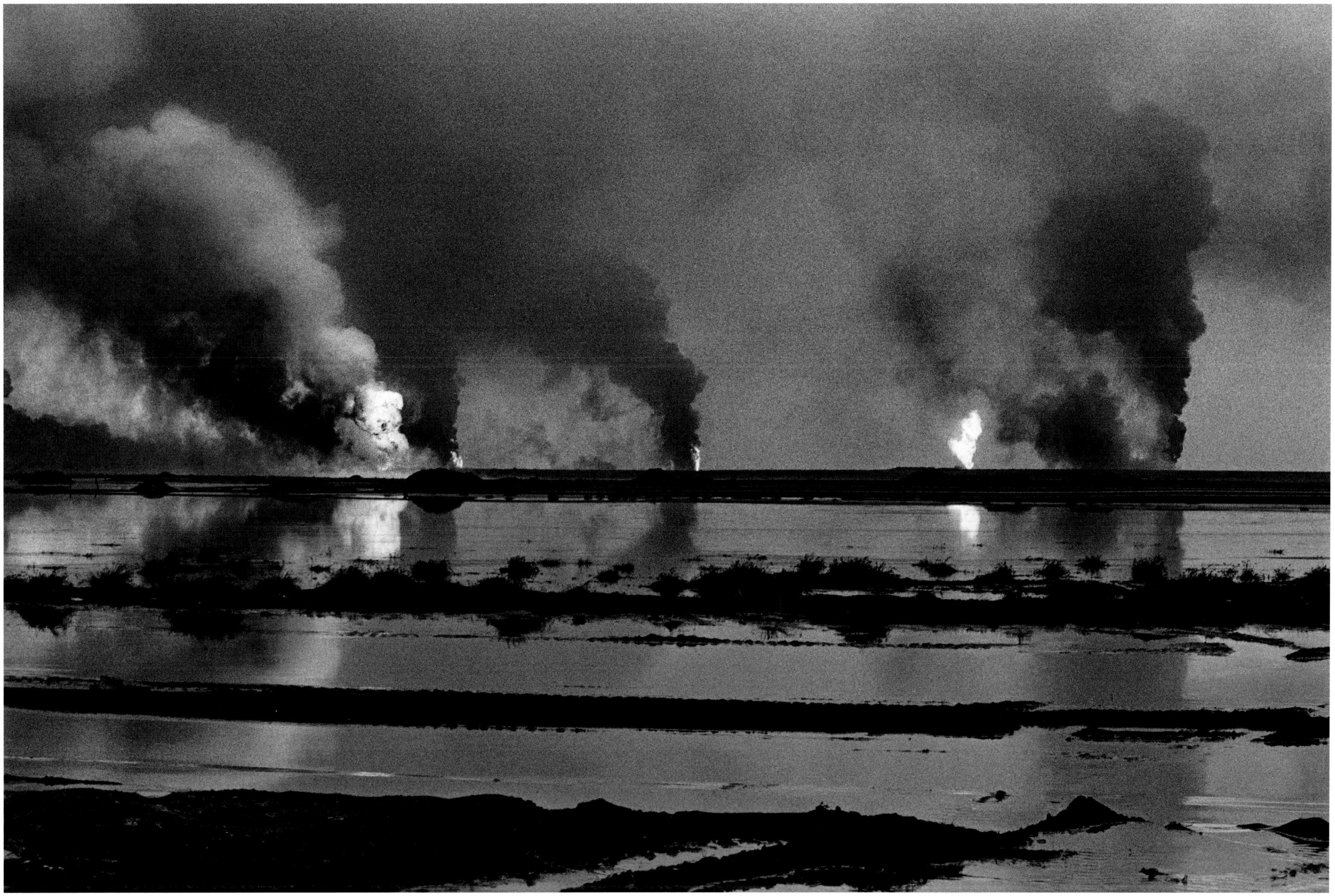

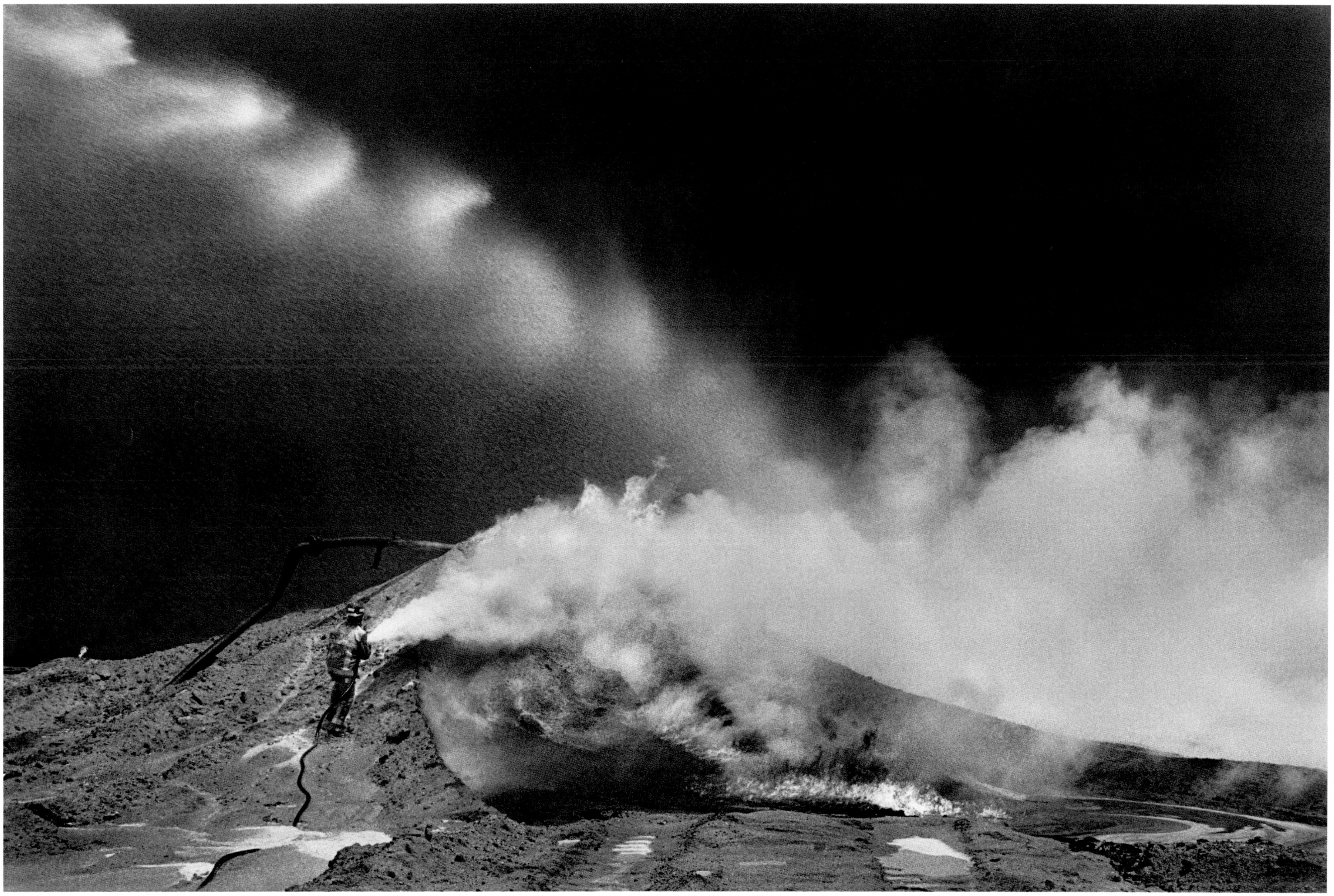

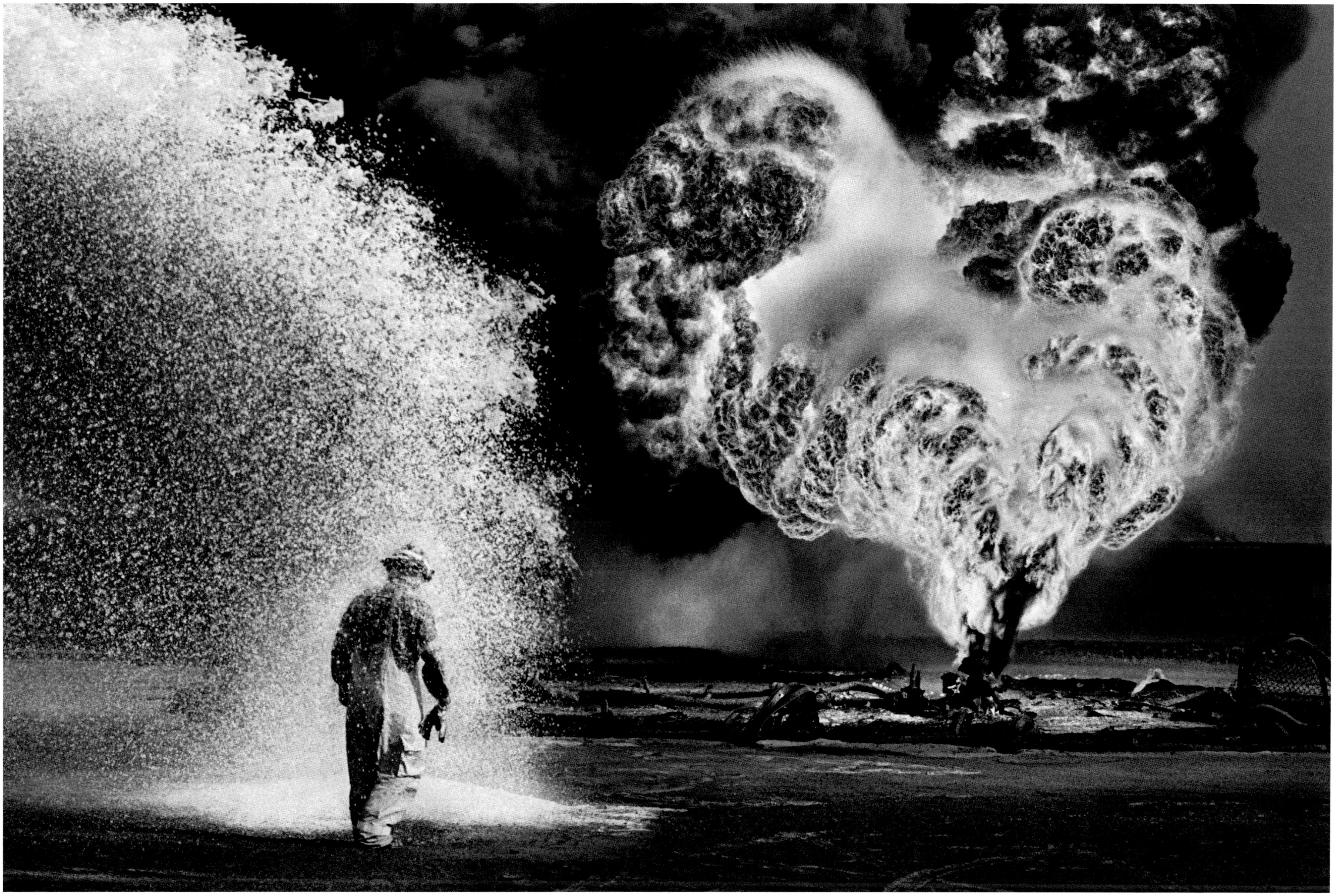

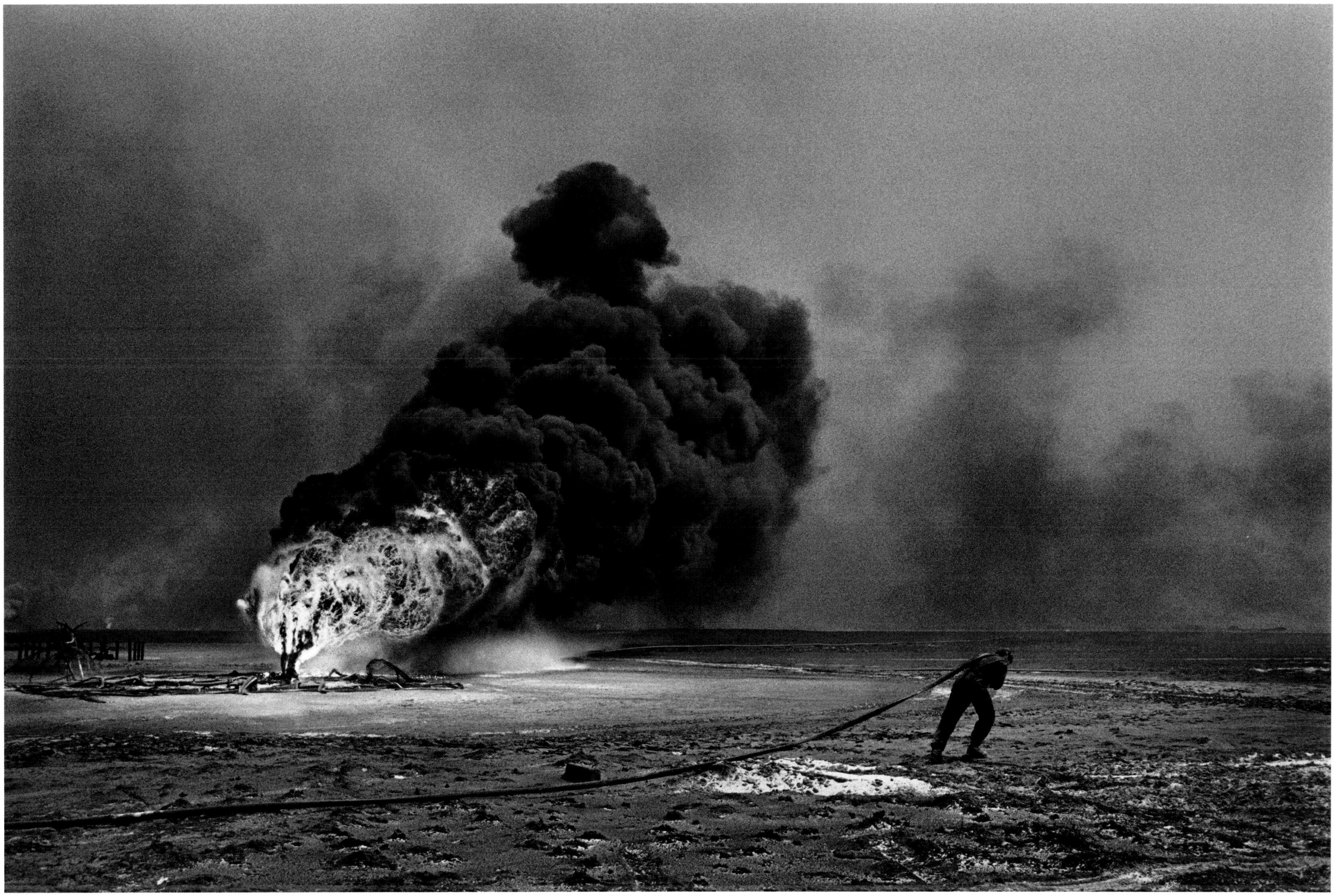

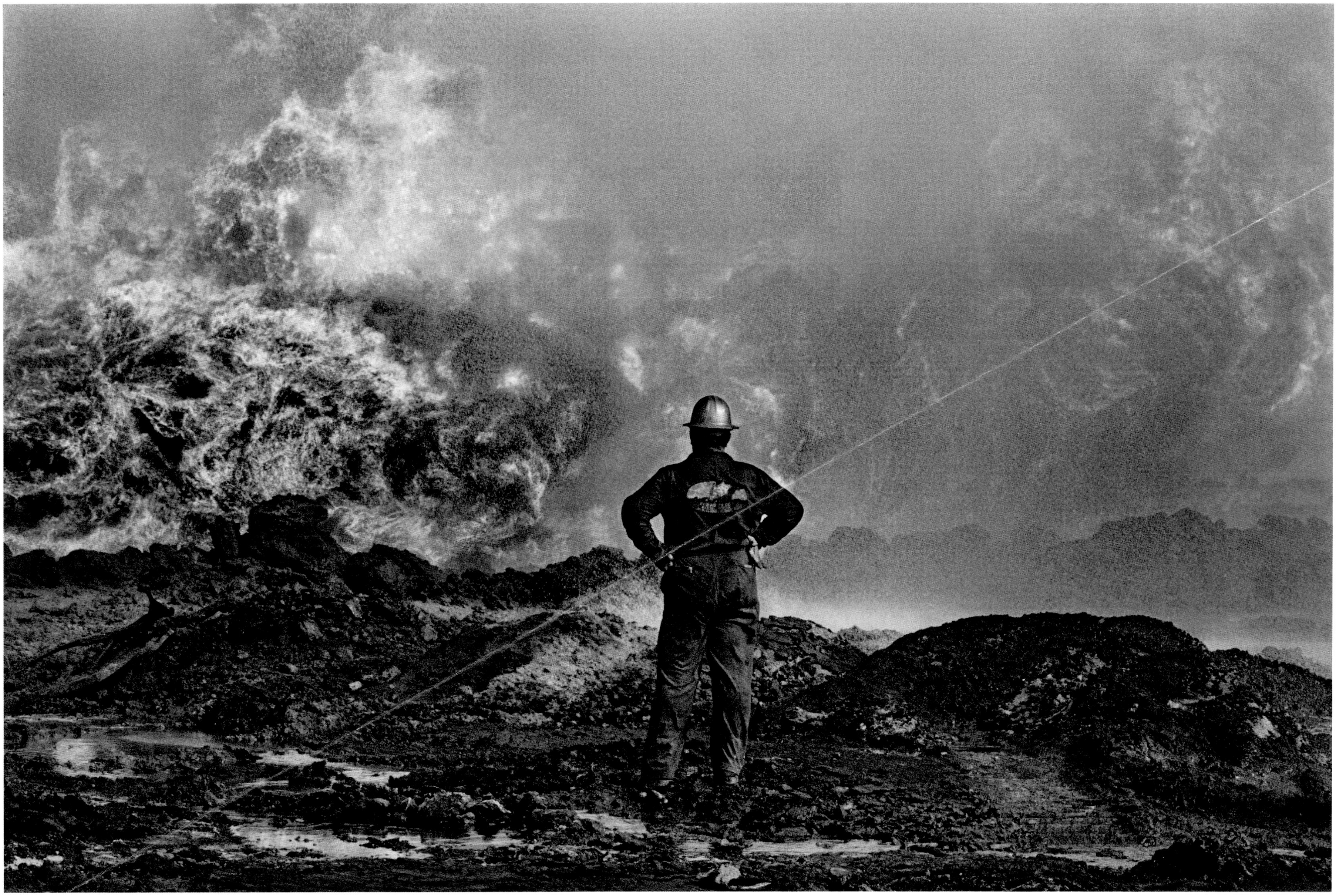

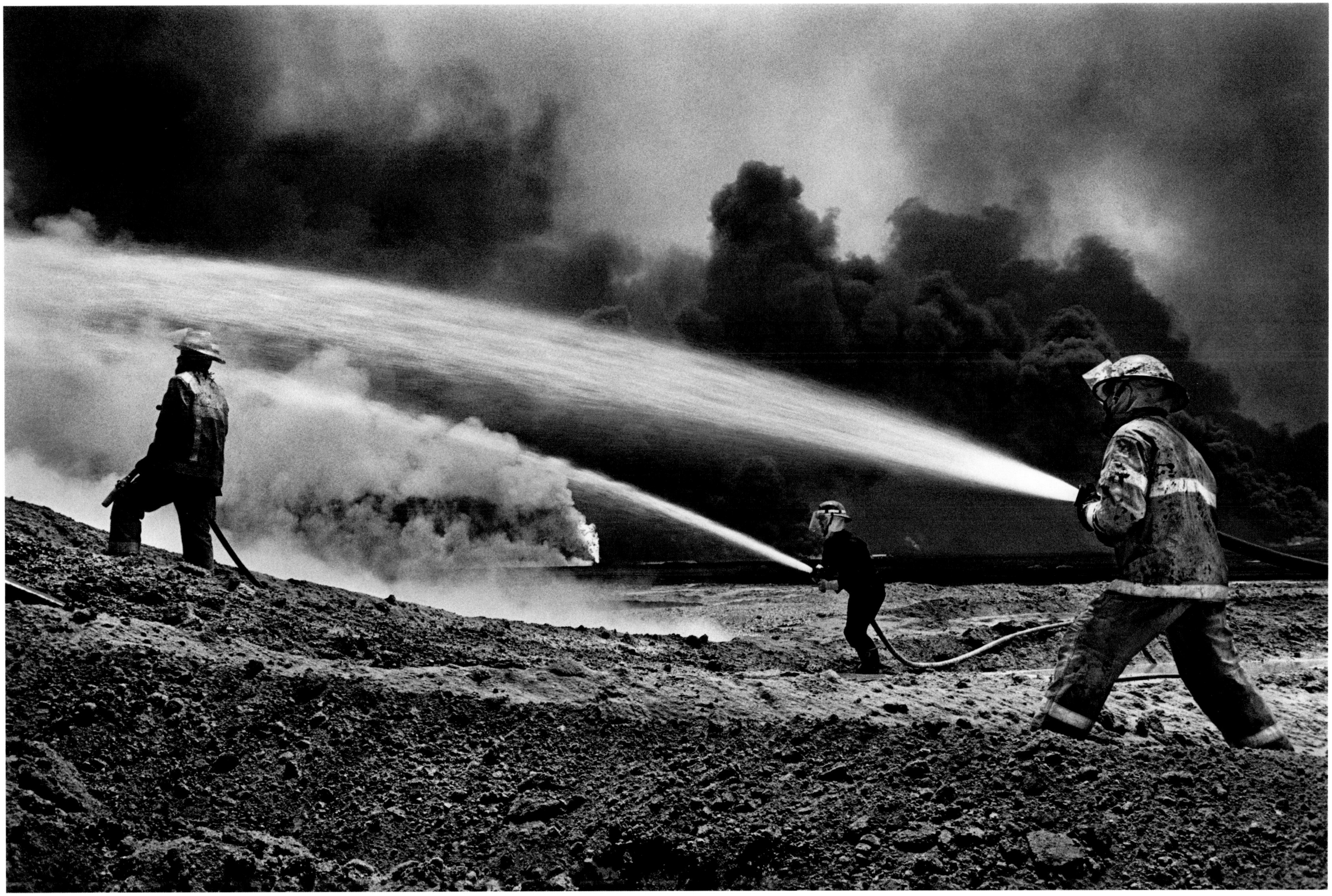

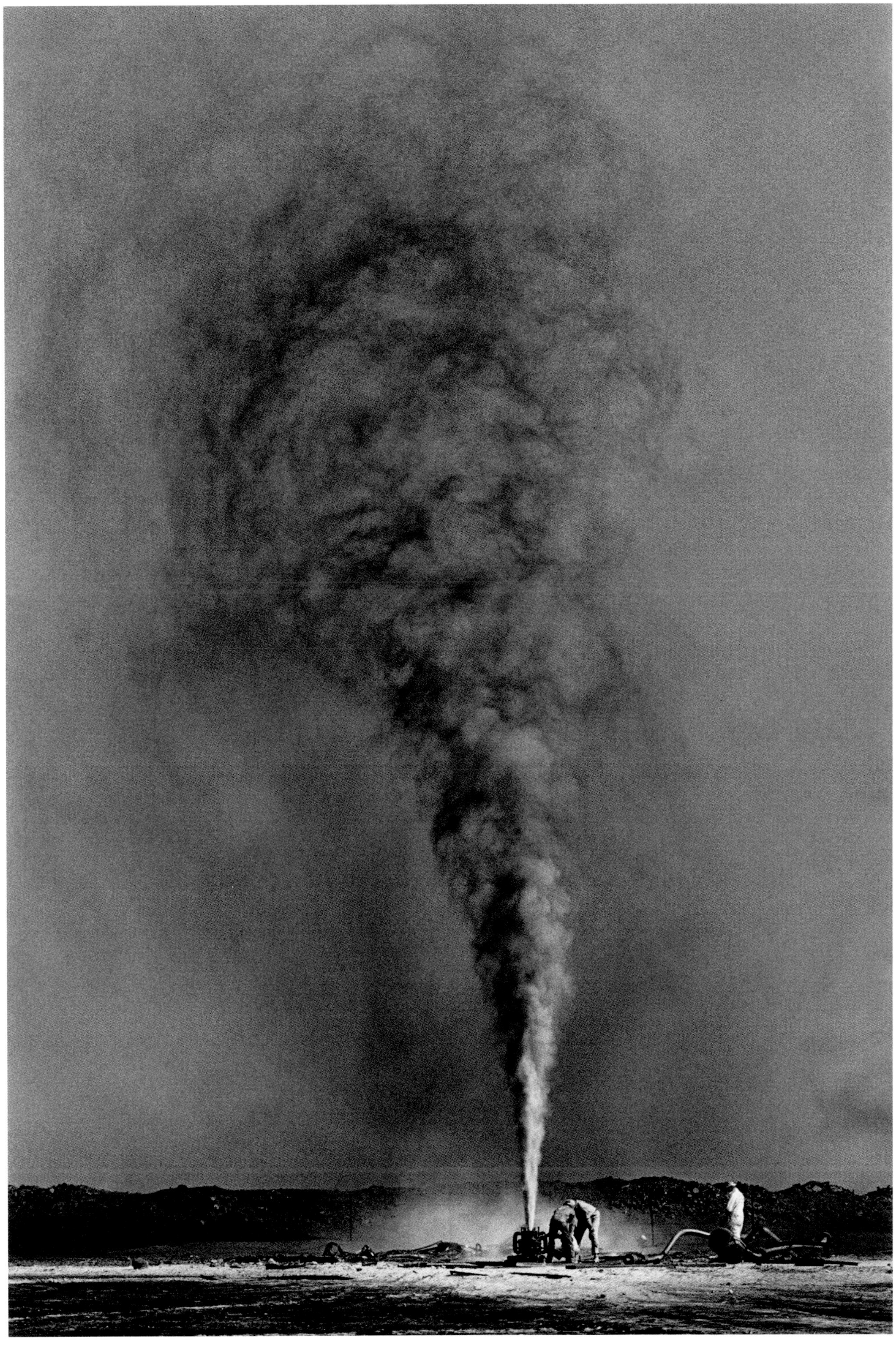

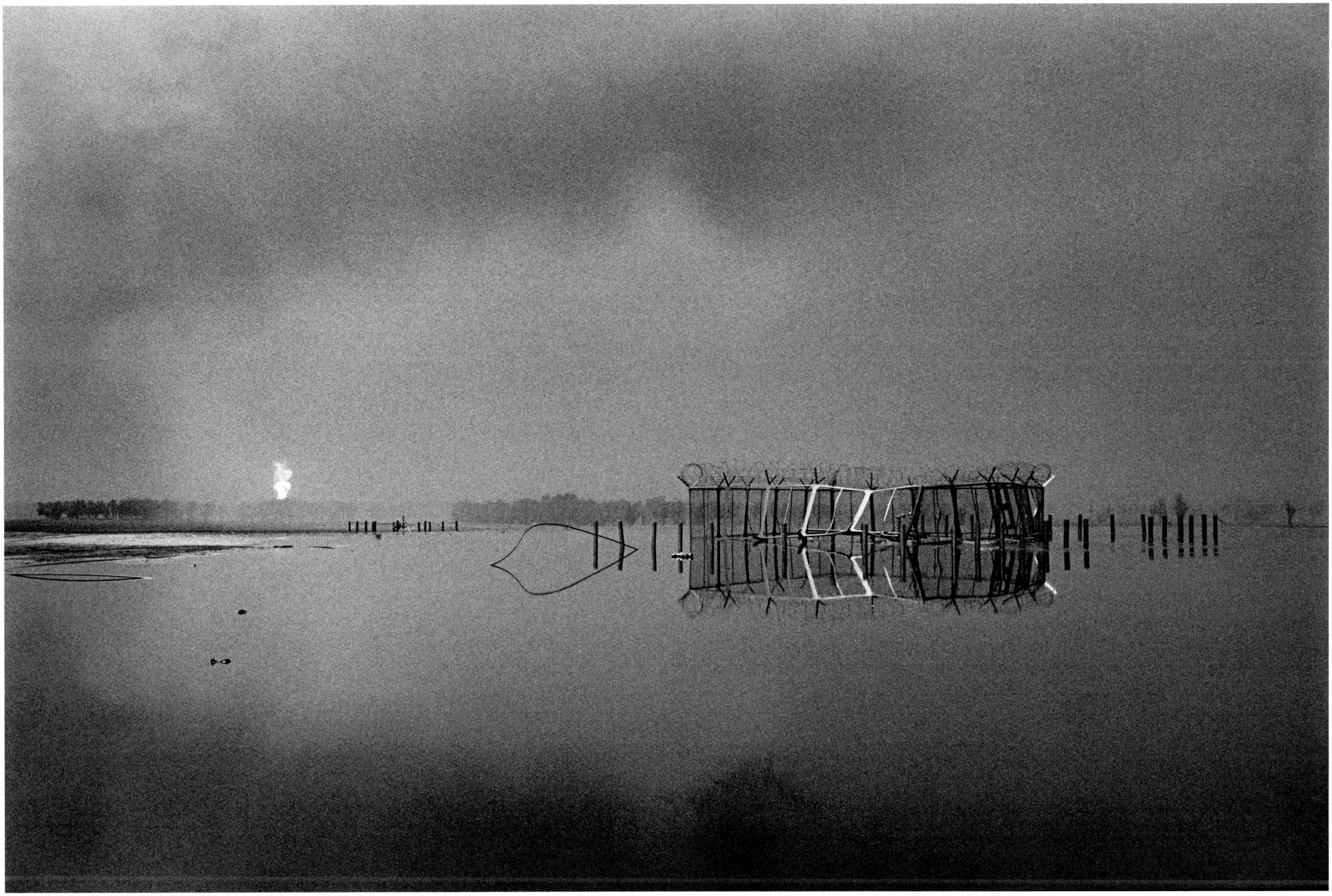

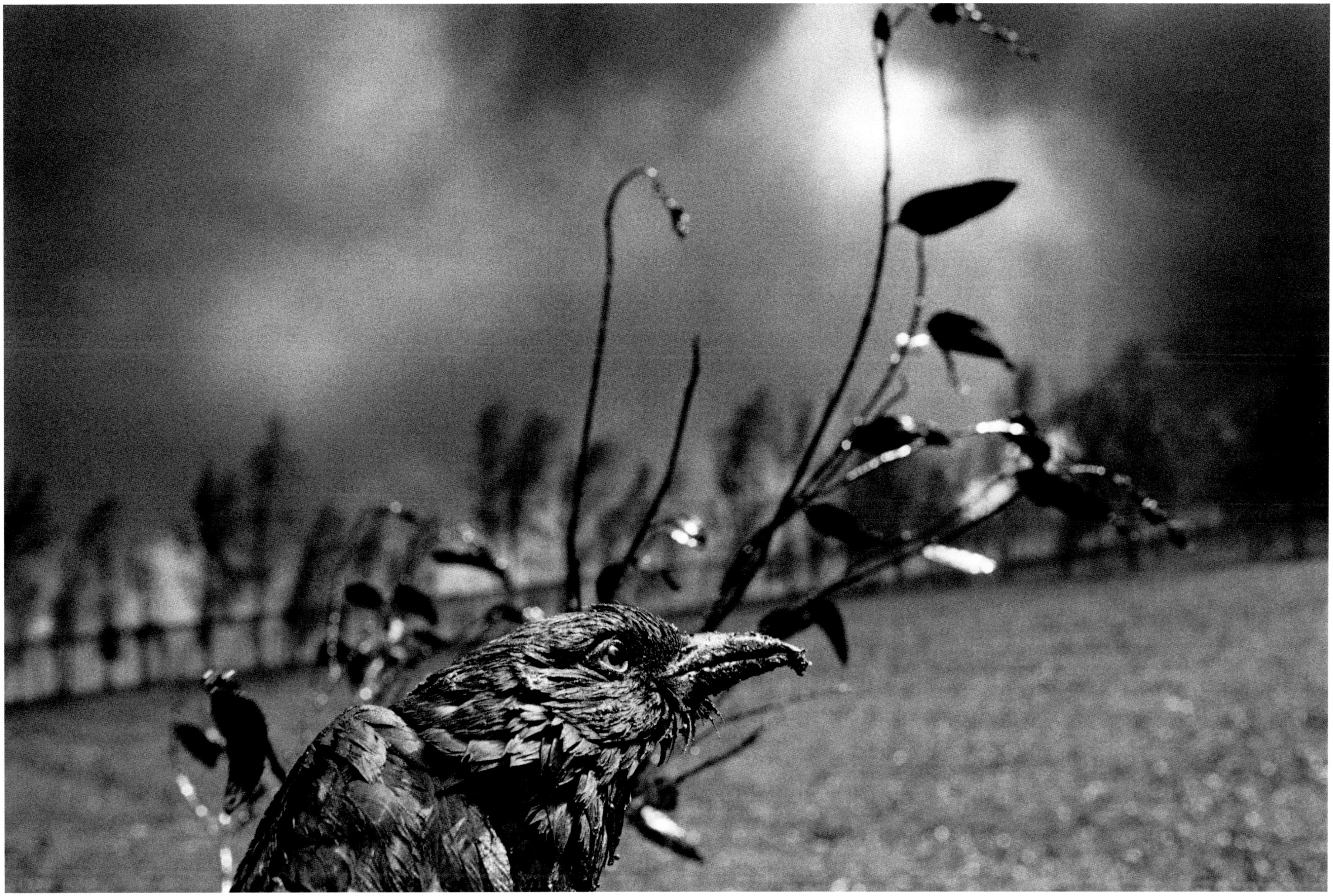

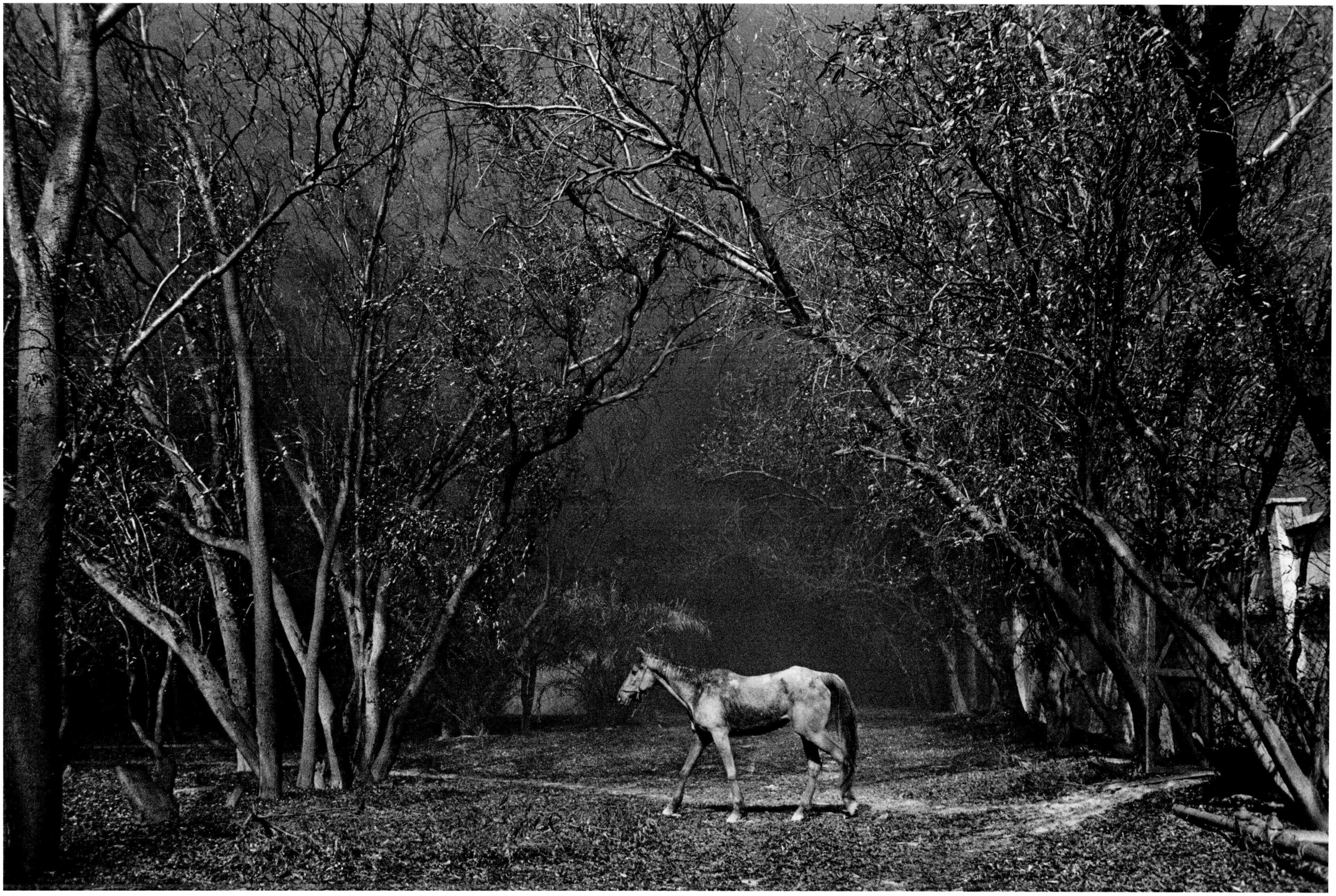

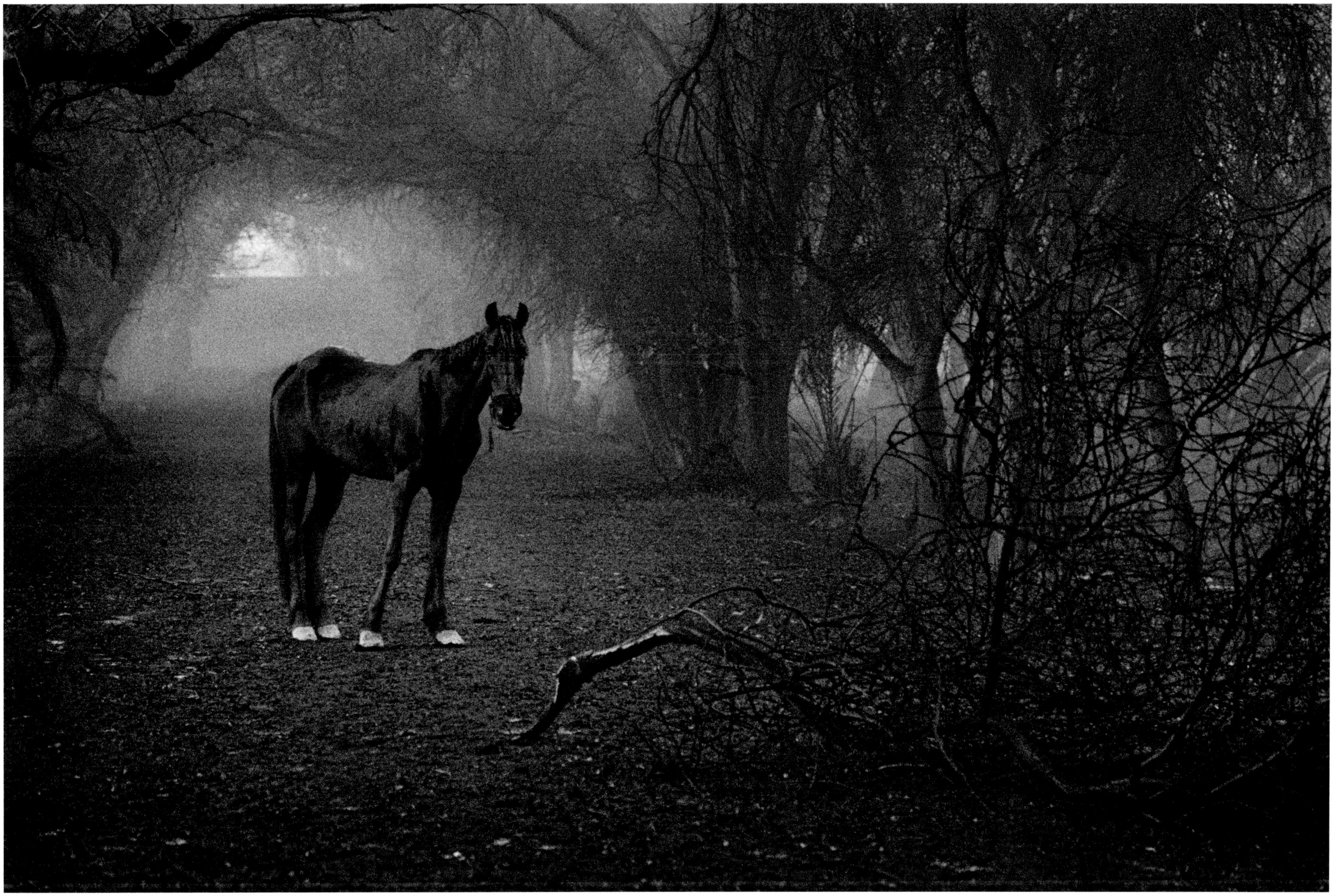

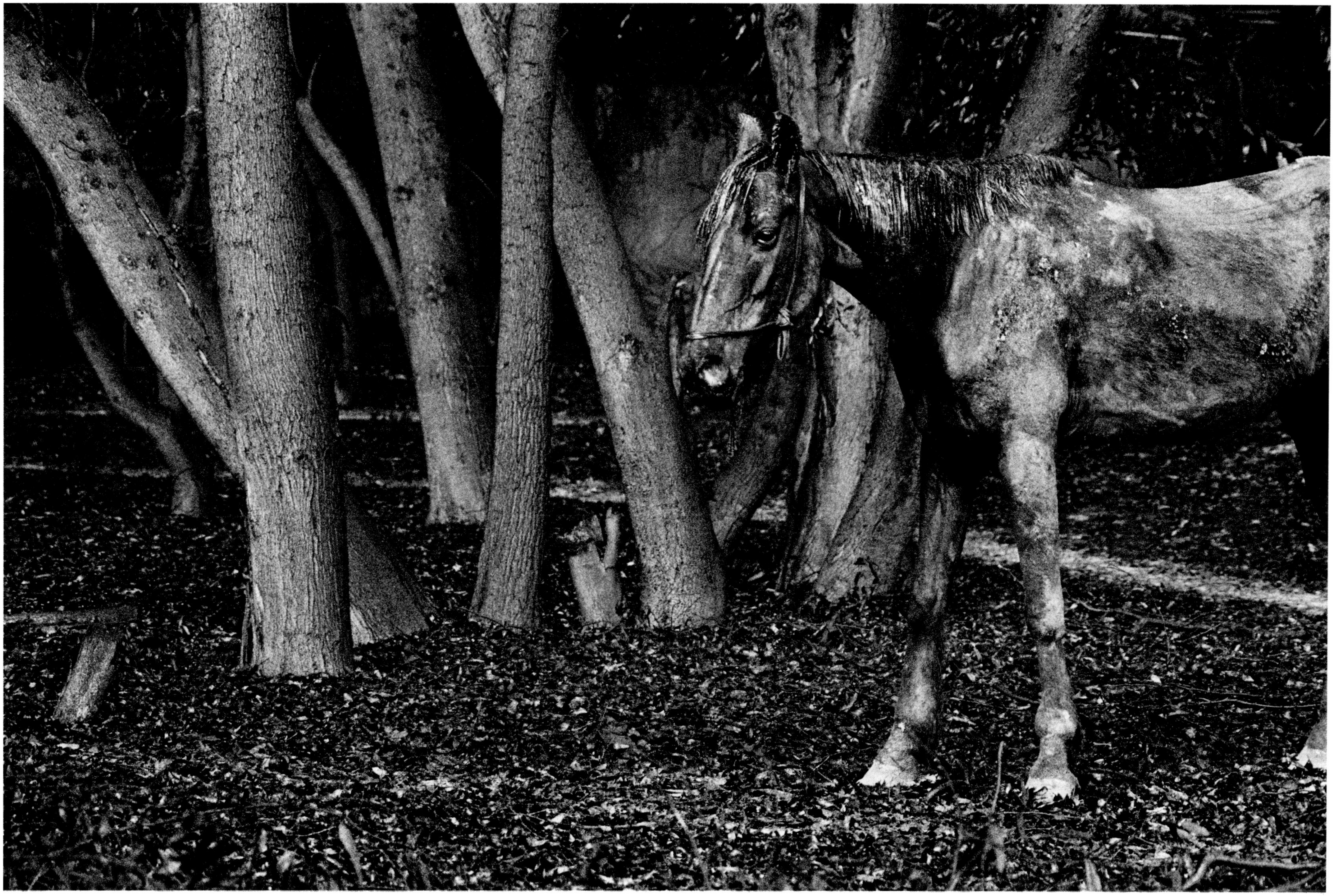

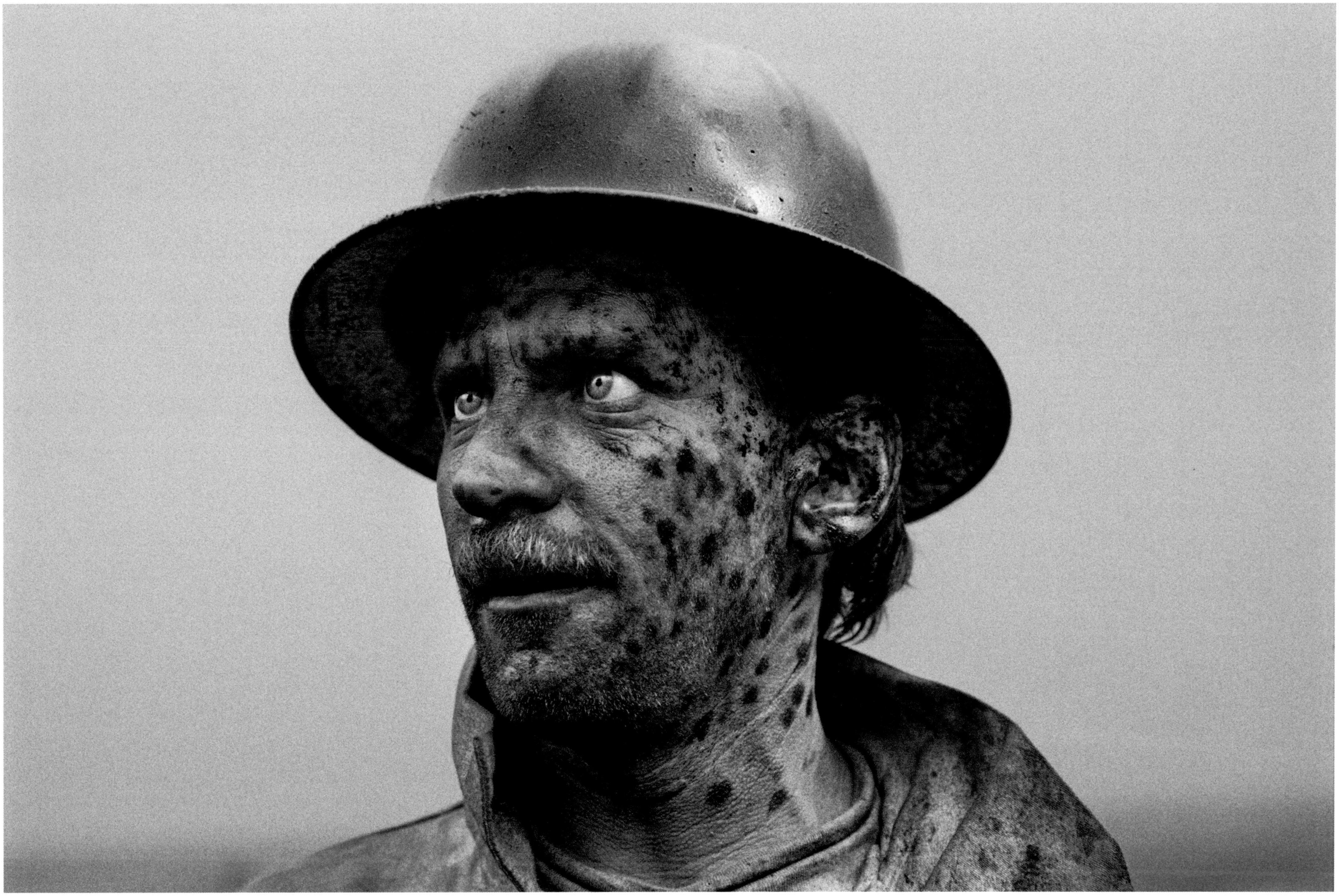

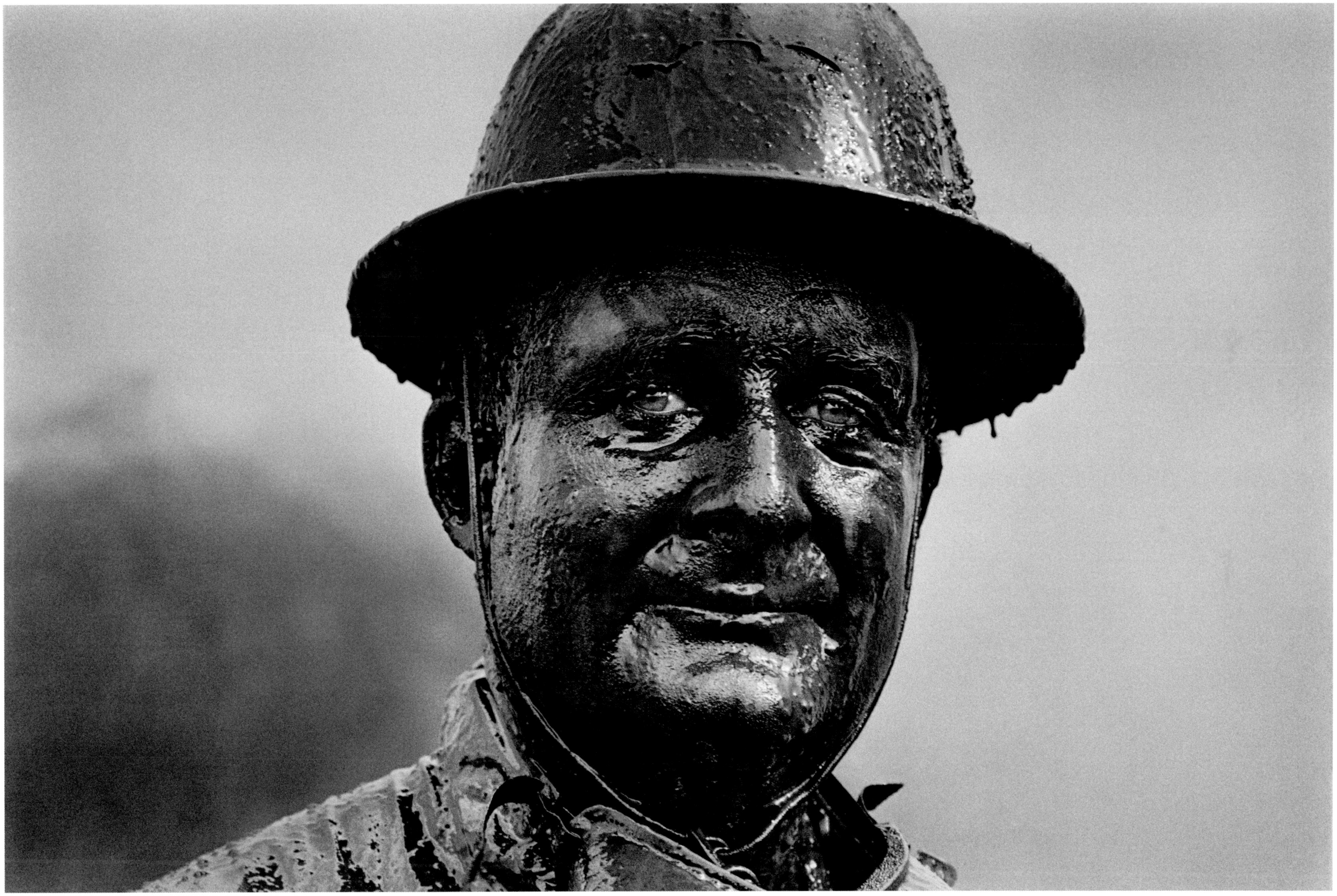

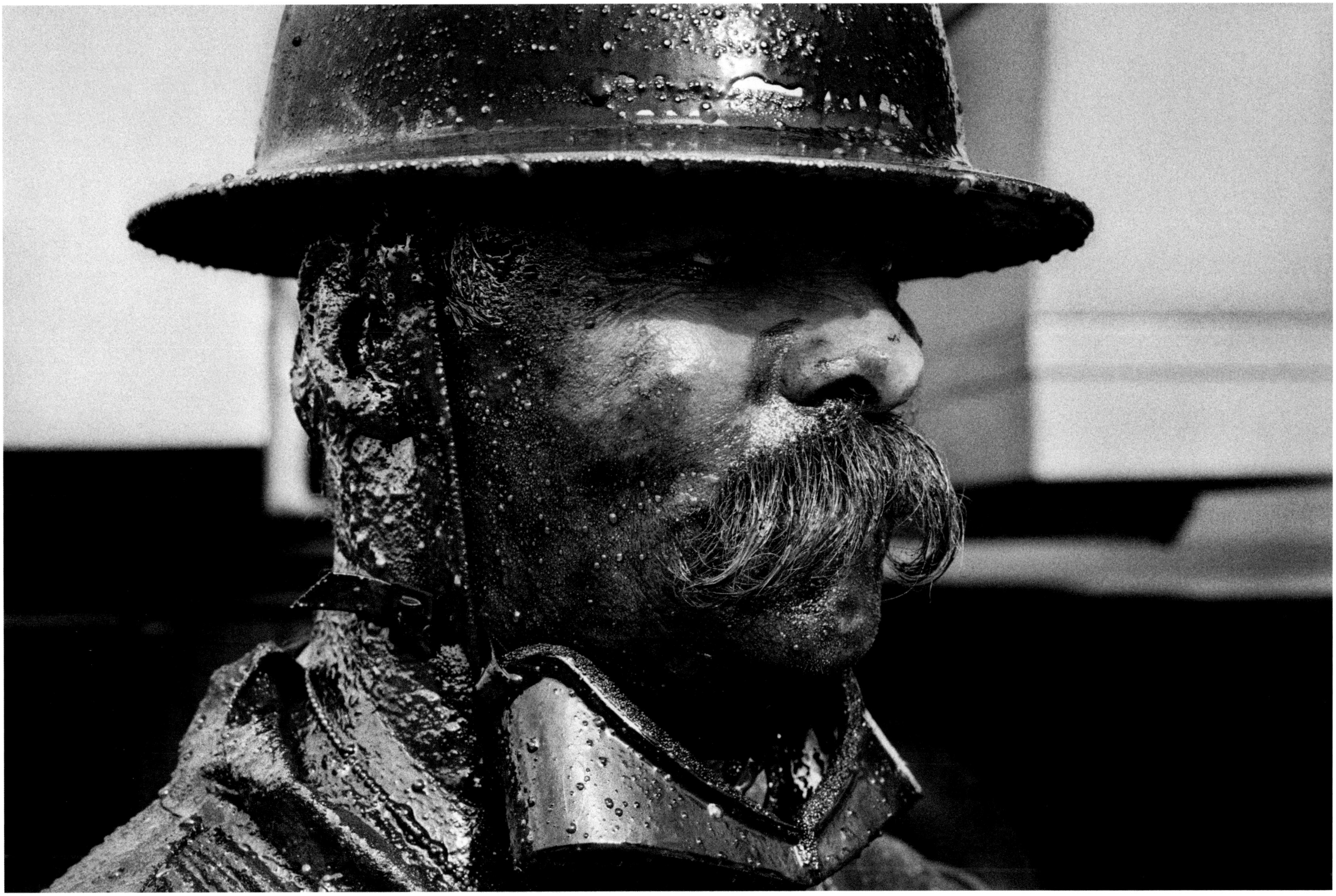

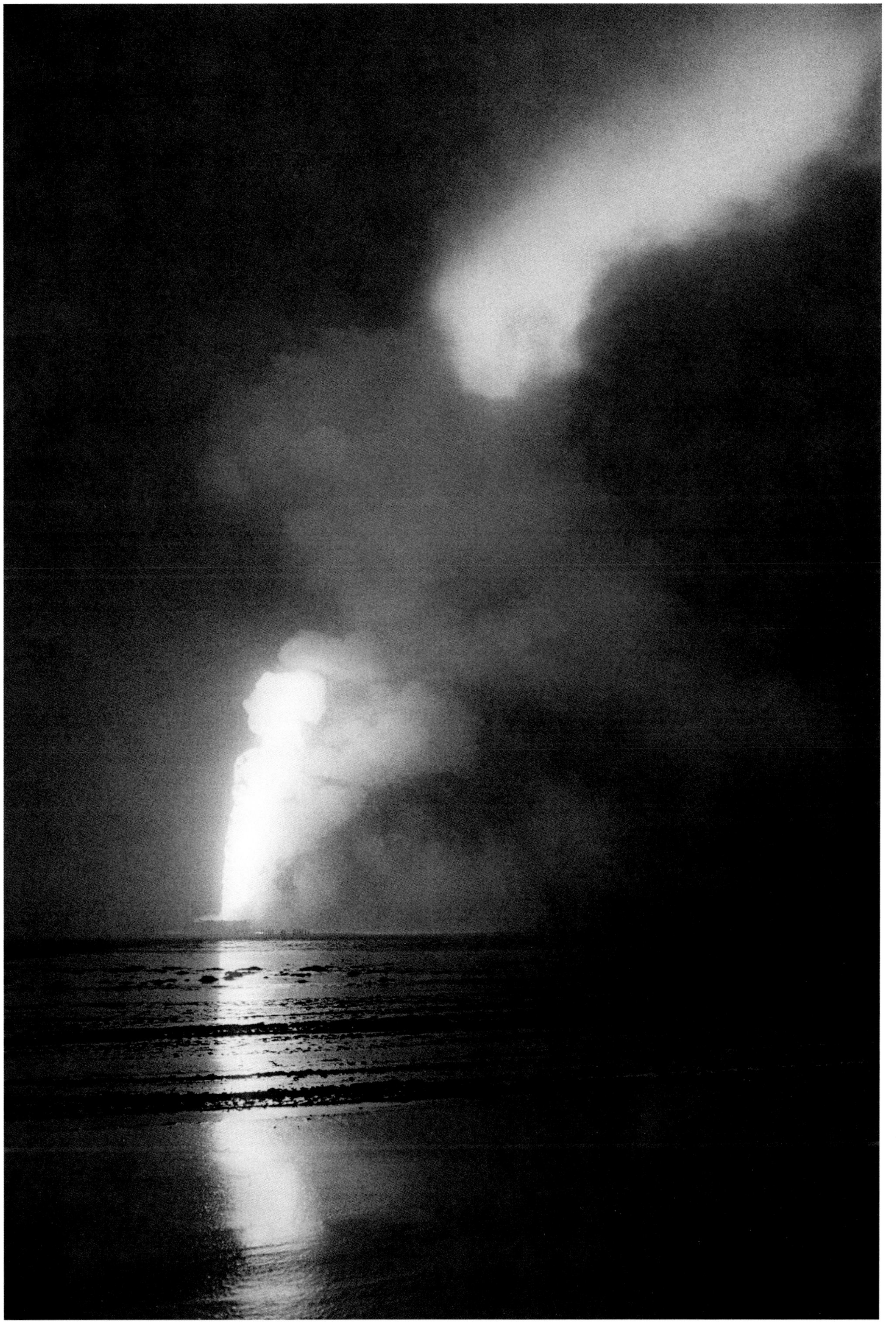

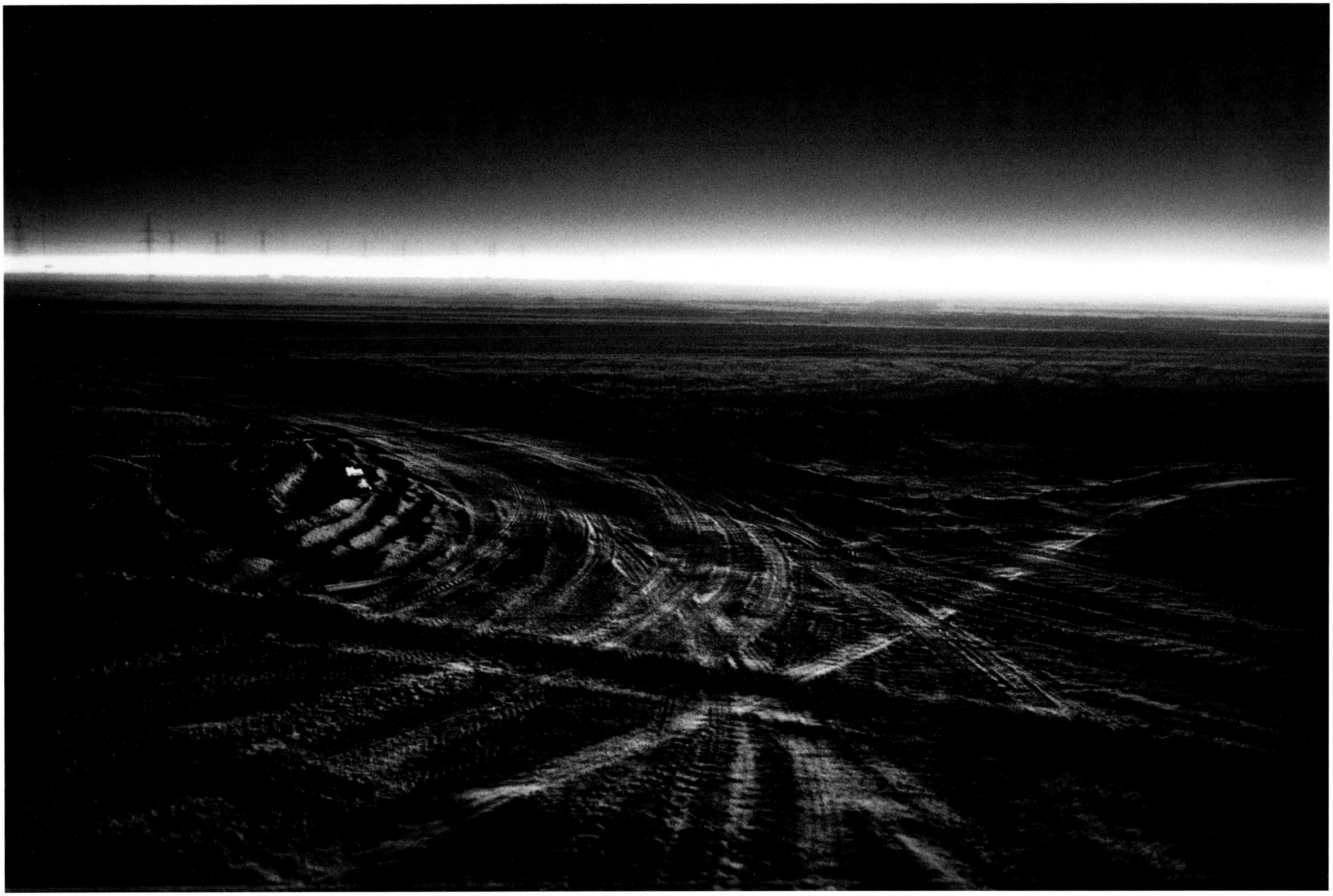

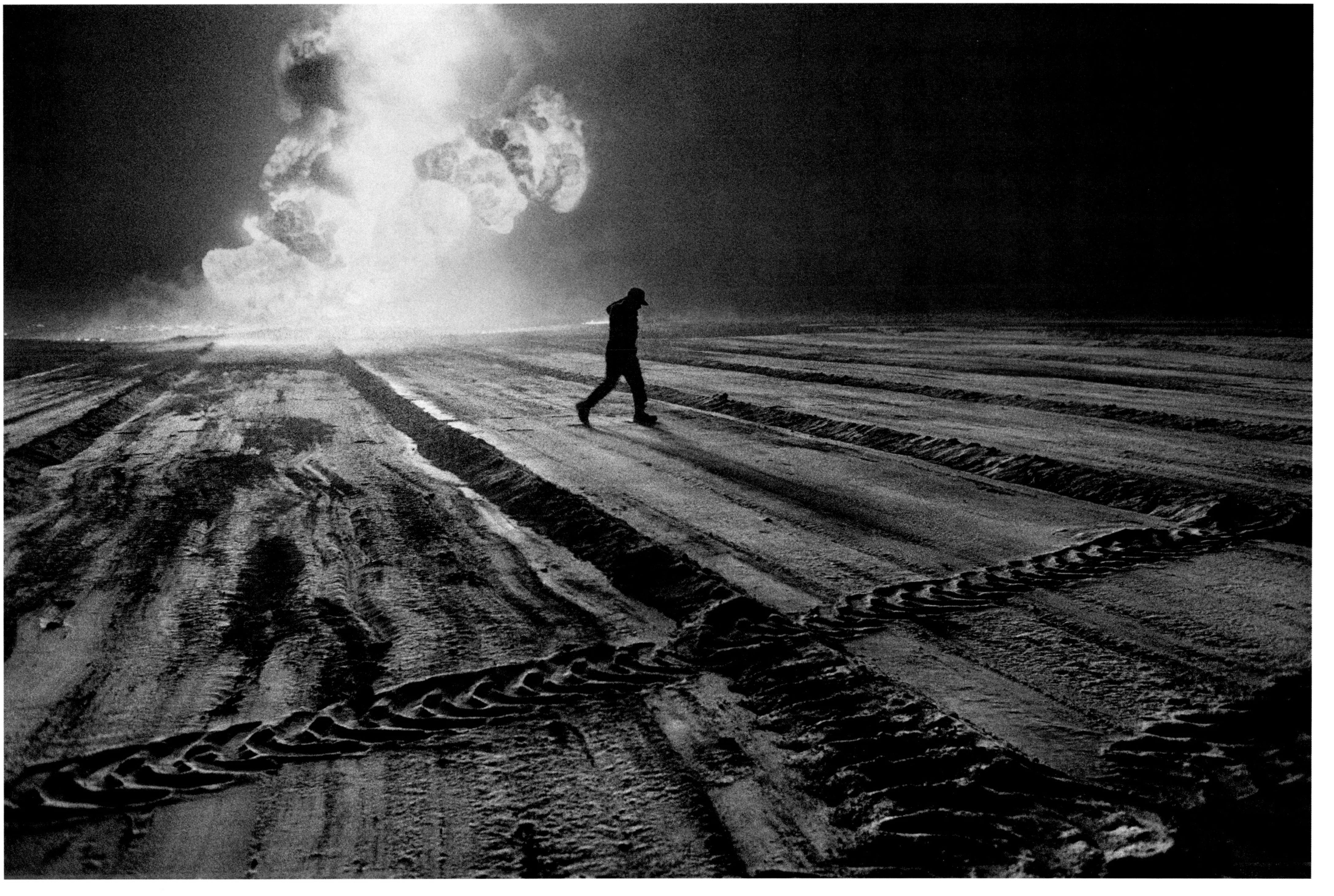

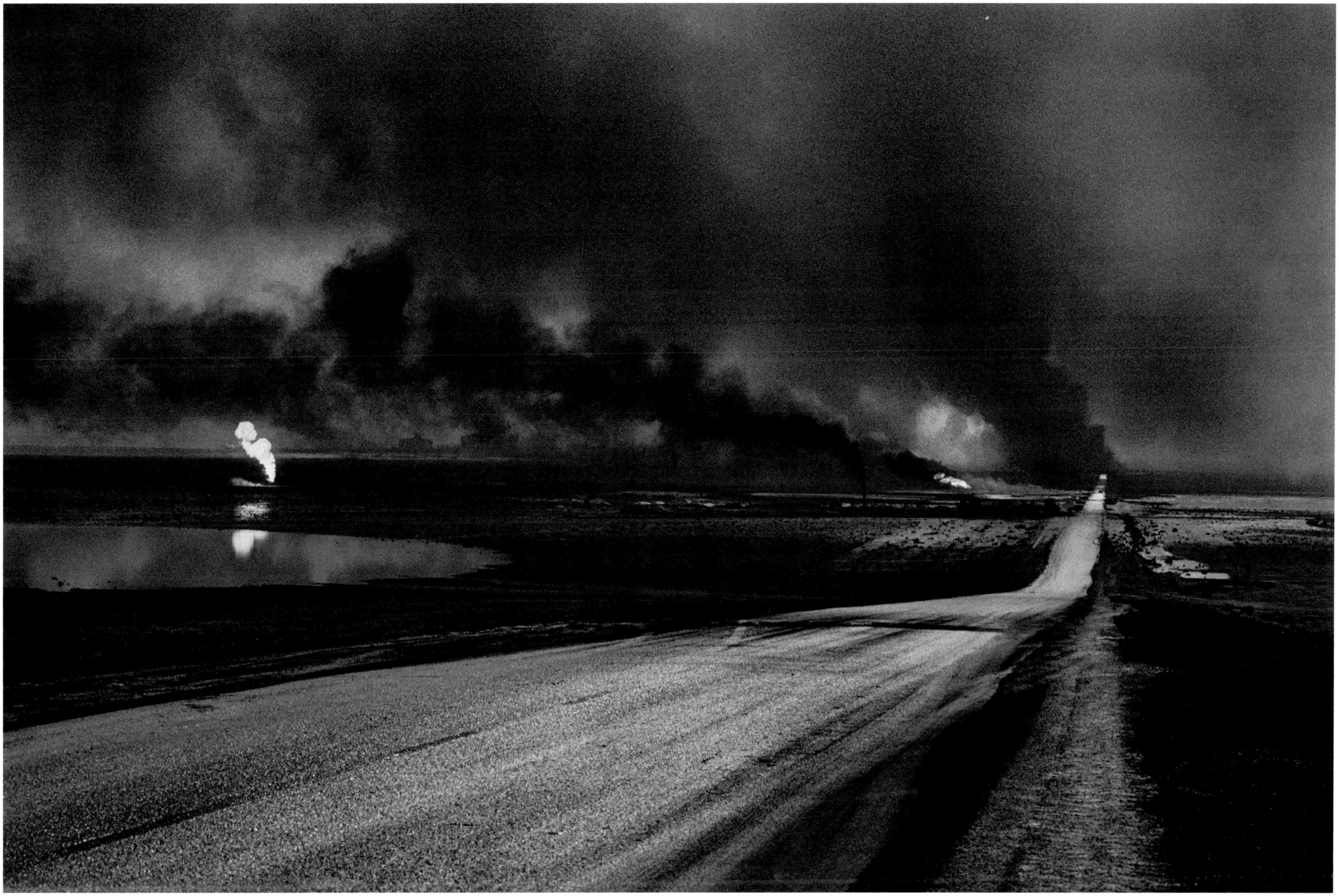

EACH AND EVERY TASCHEN BOOK PLANTS A SEED!
TASCHEN is a carbon neutral publisher. Each year, we offset our annual carbon emissions with carbon credits at the Instituto Terra, a reforestation program in Minas Gerais, Brazil, founded by Lélia and Sebastião Salgado. To find out more about this ecological partnership, please check: ww.taschen.com/zerocarbon.
Inspiration: unlimited. Carbon footprint: zero.

To stay informed about TASCHEN and our upcoming titles, please subscribe to our free magazine at www.taschen.com/magazine, follow us on Twitter, Instagram, and Facebook, or e-mail your questions to contact@taschen.com.

Editing, concept and design
Lélia Wanick Salgado

Staff at Amazonas images
Françoise Piffard
Marcia Navarro Mariano
Olivier Jamin, *Digital images technician*

In cooperation with
Gérard Lamarche, *Graphic assistant*

Editorial coordination
Simone Philippi

German translation
Julia Heller

French translation
Jacques Bosser

Production coordination
Frank Goerhardt, Thomas Grell

Printed in Italy
ISBN 978–3–8365–6125–9